AF288005

Lars
# Vollmer

# WIE SICH MENSCHEN ORGANISIEREN, WENN IHNEN KEINER SAGT, WAS SIE TUN SOLLEN

**Gorus Certified Publication** ist ein Qualitätssiegel für Bücher, die im Selbstverlag ihrer Autoren erscheinen. Es stellt für Sie, den Leser, die konzeptionelle, gestalterische und textliche Qualität sicher. Dafür wurde dieses Buch von einer Jury aus erfahrenen Buchprofis detailliert geprüft und nach den Qualitätskriterien bewertet, die die Agentur Gorus in jahrzehntelanger erfolgreicher Arbeit im deutschsprachigen Sachbuchmarkt entwickelt hat. Nur Büchern, die diesen Kriterien genügen, wird das Gütesiegel verliehen. Weitere Informationen: www.certified-publication.de

4. Auflage
© 2024 by intrinsify Verlag

Umschlaggestaltung: Atelier Bea Klenk
Layout: Extractdesign, Daniel Fabian
Satz: Jung Medienpartner GmbH, Limburg
Verlag: intrinsify.me GmbH
Druck: Alföldi, Debrecen/Ungarn
Printed in Hungary

ISBN 978-3-9819180-0-7

# INHALT

# PROLOG:
# BUCHSTÜTZE I

In meinem letzten Buch *Zurück an die Arbeit!* habe ich behauptet, dass in den meisten Unternehmen, Behörden, Medien- und Krankenhäusern, Stiftungen und sonst welchen Organisationen viel zu wenig gearbeitet wird. Wohlgemerkt nicht zu kurz, sondern zu wenig. Was nicht an blöden Chefs oder faulen Mitarbeitern liegt, die nämlich sehr wohl sehr gerne sehr viel arbeiten, sondern an dem ganzen Theater namens Management, das die Leute ständig von der Arbeit abhält und sie dazu drängelt, in den Nischen zwischen all den Meetings, Reports, ritualisierten Mitarbeitergesprächen und Excel-Sheet-Basteleien die eigentliche Arbeit zu leisten. Und Arbeit ist nun mal Arbeit, wenn der Arbeitende für die Kunden, Mandanten, Patienten, Klienten, Leser echte Wertschöpfung erbringt. Sonst nenne ich es Beschäftigung.

Wenn diese Ausgangsthese auch bei einigen zuerst mindestens für Stirnrunzeln sorgt (»Spinnt der? Sollen wir etwa noch länger arbeiten? Sollen wir Mitarbeitergespräche etwa wieder abschaffen?«), so hat das Buch offenbar die meisten Leser im Verlauf der Lektüre überzeugt, ja, manche fragten mich sogar, woher ich ihre Organisation denn so gut kenne. Manche vermuteten, dass ich wohl schon Mäuschen auf einer ihrer Sitzungen gespielt hätte. Und manche wiesen mich darauf hin, dass es bei ihnen nicht so sei, wie von mir beschrieben – bei ihnen sei es schlimmer.

Nun, wenn die Leser ihre eigene Situation darin gut getroffen fanden, ist das ja schön. Aber die beiden Fragen, die meine Leser mir dann am häufigsten stellten, machten mir mittlerweile klar, dass das Buch bei vielen irgendwie weitergehen will. Als ob es nicht für sich alleine stehen könnte und ohne einen weiteren Zusatz umfallen würde. Als ob es eine Art Stütze bräuchte. Also schrieb ich dieses Büchlein, quasi als Buchstütze.

Die zwei genannten Fragen, die ich in den letzten Monaten sehr häufig gehört habe, sind folgende:

Erstens: »Ich habe ja jetzt verstanden, dass Management keine Arbeit ist, sondern heutzutage viel Theater erzeugt. Nur: Wie stellt man denn jetzt dieses Businesstheater ab? Wie werden wir z.B. die unnötigen Meetings los?« – Mit anderen Worten: Wir glauben dir, Vollmer, dass das Gericht mundet, aber jetzt hätten wir gerne doch das Rezept.

Und zweitens: »Was kann denn der Einzelne, also der Mitarbeiter, also ich, gegen das Businesstheater tun?« – Mit anderen Worten: Wenn wir das Schauspiel jetzt durchschaut haben, sind wir dem nun ausgeliefert oder können wir konkret etwas machen, damit es aufhört?

## REZEPTFREI

Zur ersten Frage: Die kann ich Ihnen leider nicht direkt für Ihren Fall beantworten. Indirekt allerdings schon. Etwa so: Da jede Organisation genau wie eine Familie oder ein Fußballteam ein soziales System ist und soziale Systeme immer komplex sind, liegt die Lösung von Problemen im sozialen System prinzipiell nicht auf der Denkebene des Problems, sondern mindestens eine Ebene höher. Um es mal sehr abstrakt auszudrücken.

Konkret bedeutet das, dass Sie, wenn Sie die zeitraubenden ritualisierten Meetings loswerden wollen, nicht an den Meetings selbst rumdoktern sollten, sondern in Ihrem Unternehmen eine Struktur erzeugen müssten, die ritualisierte Meetings überflüssig macht.

Natürlich würden die Mitarbeiter dann nach wie vor miteinander reden, vielleicht sogar mehr als zuvor, aber eben nicht mehr im Jour Fixe oder Projektstatus-Meeting, weil es die nicht mehr braucht.

In einer solchen Struktur würden dann sogar nicht nur die meisten

Meetings überflüssig werden, sondern vermutlich auch eine Menge anderes Theater wie Performance Management, 360-Grad-Feedbacks oder Kulturentwicklungsprogramme. Es gibt also kein Solo-Rezept gegen ein Solo-Problem.

Gut, und dann fragen Sie natürlich weiter: »Wie sieht eine solche Struktur aus, die Theater überflüssig macht?«

Und das ist eine gute Frage!

Die Antwort ist dieses Büchlein. Nur wird darin eben kein Rezept ausgegeben. Einfach, weil es das nicht geben kann. Eher schon liefere ich Ihnen ein *Prinzizept,* oder (alleine schon, weil *Prinzizept* ein reichlich blödes Wort ist) – einfach *siebeneinhalb Gedanken darüber, wie sich Menschen organisieren, wenn sie nicht gemanagt werden,* wenn ihnen also keiner sagt, was sie tun sollen – was die Schlüsselfrage ist, wenn man wissen will, wie man eine Organisation mit wenig Theater bauen will.

## DAS STILMITTEL DER PROVOKATION

Zur zweiten Frage: Ob Sie ausgeliefert sind? Nein und ja. Im weiteren Rahmen der Wirtschaft können Sie natürlich zu einem Unternehmen wechseln, das mit weniger Theater auskommt. Oder Sie gründen eines.

Insofern sind Sie grundsätzlich nie ausgeliefert, solange der Arbeitsmarkt und die Wirtschaft im Allgemeinen noch zu einem gewissen Grad einer freien Marktwirtschaft ähneln. Aber das ist eine banale Antwort, die die Absicht der Frage missachtet. Im engeren Rahmen Ihrer Organisation können Sie als Einzelner tatsächlich nicht viel machen, außer Sie hätten beträchtliches Ansehen oder die formale Macht dazu. Zum Beispiel als Chef. Als Mitarbeiter irgendwo in den Eingeweiden einer größeren Firma haben Sie vermutlich nicht die Mittel, um die Struktur der Organisation zu verändern. Aber immerhin: Sie können sie irritieren! Stören! Provozieren! Stressen!

Sie könnten z.B. zum Chef gehen und ihn schmunzelnd fragen, ob Sie die Tackernadeln nachfüllen dürfen. Und bevor er explodiert, schieben Sie nach: »Ich frag ja nur, weil man hier ja sonst für alles um Erlaubnis fragen muss.«

Ja, das erfordert eine kleine Portion Mut. Und natürlich riskieren Sie dabei was, wenn Sie aufmucken. Und es gibt auch keine Garantie, dass Sie auf diese Weise eine ehrliche Auseinandersetzung über Rituale und Struktur der Organisation auslösen können. Nicht jeder ist ein Revoluzzer und es ist nicht immer klug, einer sein zu wollen. Es könnte persönlich nachteilig werden, Meetings zu boykottieren oder zu versuchen sie zu sprengen.

Darum kann und will ich Ihnen das auch nicht raten.

Aber Sie können ja mein Buch *Zurück an die Arbeit!* im Unternehmen verschenken. Und auch das wäre wohl eine Provokation …

Also: So einfach, wie Sie es sich vielleicht wünschen, können Sie nichts verändern. Tut mir leid. Es ist eine größere, grundsätzlichere Transformation erforderlich. Eher eine komplette Therapie statt nur Wadenwickel zum Senken des Fiebers. Denn so eine Theaterorganisation ist in sich sehr stabil, solange sie noch gerade so im Wettbewerb überlebt. Es reicht noch nicht, wenn Sie nur ein Detail ändern, wie etwa einen ritualisierten Report zu streichen oder dem Team Zugriff auf eine Zahl zu gewähren, die bislang geheim war. Darum reicht in diesem Büchlein auch nicht ein Gedanke, ein Prinzip. Sondern es sind siebeneinhalb Prinzipien, die Sie in der Gesamtschau betrachten sollten. Sie wirken alle zusammen und sind nicht beliebig separierbar.

## STING LIKE A BEE!

Natürlich stoße ich mit meinen Thesen nicht nur auf Zustimmung. Manchmal begegnen mir auch Widerspruch, Ablehnung, ja Empörung. Dabei gibt es ein interessantes Argumentationsmuster: »Vollmer, Sie dürfen doch nicht die Managementlehre verdammen! Die ist doch im Kern richtig. Es kommt doch nur darauf an, wie sie umgesetzt wird.«

Das ist eine Argumentation nach dem Schema: Wir dürfen die Sklaverei nicht abschaffen, die ist im Kern richtig, wir brauchen nur eine andere, eine bessere Sklaverei.

Oder: Der Sozialismus ist nicht falsch. Nur seine 538. Umsetzung ist nicht so gut gelungen. Dass die Leute nun mal wieder verhungern und sich umbringen, ist ja nicht schön, aber deswegen ist doch der Sozialismus im Kern richtig. Lasst es uns noch mal versuchen …

Wissen Sie, manchmal passt es eben nicht, manchmal ist eine Idee einfach schlecht, kommt zur falschen Zeit oder passt nicht mehr zu den Umständen. Und dann: Ja, dann verwirft man sie und verfolgt eine andere Idee.

Lassen Sie uns ein wenig von Muhammad Ali lernen!

Am 30. Oktober 1974 forderte Muhammad Ali in Kinshasa im damaligen Zaire mitten in der Nacht um vier Uhr morgens bei 90 Prozent Luftfeuchtigkeit und 30 Grad Hitze den ungeschlagenen Schwergewichtsweltmeister George Foreman heraus. Es sollte einer der größten Boxkämpfe der Geschichte werden. Er bekam sogar einen eigenen Namen: Rumble in the Jungle.

Foreman war bekannt dafür, seine Gegner im drängenden Vorwärtsgang in die Seile zu drücken und dort, wo sie nicht mehr ausweichen konnten, so lange zu verprügeln, bis sie k.o. gingen. Er galt aufgrund der Wucht seines Kampfstils und Härte seiner Treffer als unschlagbar. Die letzten acht Gegner hatte er alle in den ersten zwei Runden k.o. geschlagen.

Ali war bekannt für seine eleganten, leichtfüßigen, tänzelnden Bewegungen und seine extrem schnellen Überraschungsangriffe. Er selbst bezeichnete seinen Stil so: »Float like a butterfly, sting like a bee« – »Schwebe wie ein Schmetterling und stich zu wie eine Biene«.

Aber Foreman war gut vorbereitet auf diesen Tanz. Er hatte geübt, Ali stets den Weg abzuschneiden, um ihn in die Seile zu drängen.

In der ersten Runde schon konnte man sehen, dass Ali mit seiner Taktik diesmal nicht durchkommen würde. Er machte keinen Stich und geriet immer wieder in Gefahr, in die Seile zu gehen, um dort nach Strich und Faden vermöbelt zu werden.

Irgendwann wurde Ali klar, dass seine größte Stärke in dieser heißen Nacht nutzlos war. Er versuchte nicht, seine Taktik besser in den Ring zu bringen, sondern er änderte sie! Er hörte auf herumzutänzeln und ging rückwärts in die Seile. Freiwillig.

Seine Trainer und Betreuer schrien ihm von außen verzweifelt zu, er solle machen, dass er da raus käme, aber Ali hatte sich selbst so entschieden.

Foreman sah sich kurz vor dem Ziel und drosch wie wild auf Ali ein. Der leichtfüßige Ali galt ja nicht gerade als einer, der viel einstecken kann. Foreman ließ die Fäuste fliegen. Ali aber achtete darauf, dass er dank seiner Schnelligkeit und Beweglichkeit immer wieder mit seinem Kopf vor den wilden Schlägen auswich und nutzte dazu die Dehnung der Seile. Foreman blieb als Trefferfläche nur der Körper.

Und Ali steckte die Körpertreffer weg. Gegen Ende jeder Runde, wenn Foreman müde wurde, schlug Ali plötzlich gezielt zurück und landete in den letzten Sekunden der Runde auch selbst Treffer. Er hatte sich nicht aufgegeben.

So ging das Runde um Runde. Foreman stand vor einem Rätsel. Zwar hatte er seinen Gegner wie erhofft in den Seilen, aber er konnte ihn nicht ausknocken. Und von Runde zu Runde wurde es kraftraubender. Die Hitze. Die späte Nachtstunde. Die verdammt hohe Luftfeuchtigkeit.

Foreman war zum Ende der achten Runde völlig ausgepowert, er wurde unpräzise, Ali sah seine Chance, kam aus der Deckung, setzte zwei schnelle Links-Rechts-Kombinationen und ließ neun Kopftreffer auf Foreman prasseln. Der taumelte, ging zu Boden und stand nicht wieder auf. Ali war Weltmeister.

Und warum? Weil er verstanden hatte, dass eine Idee, eine Strategie, eine Taktik nie per se gut oder schlecht ist, sondern entweder passend oder unpassend zu den Umständen. Und wenn eine Idee nicht passt – Tänzeln gegen Foreman oder Management im 21. Jahrhundert –, dann verwirft man sie und entwickelt eine andere.

## EIN BISSCHEN GEDULD

Dieses Buch handelt von einer solchen anderen Idee. Doch bitte verwechseln Sie ›wenn niemand Ihnen sagt, was Sie tun sollen‹ nicht mit Führungslosigkeit. Und erst recht nicht mit Anarchie. In den Organisationen, die weitgehend ohne Managementtheater erfolgreich funktionieren, ist es keineswegs so, dass jeder nur auf den anderen wartet oder einfach tut, was er gerade so will. Führung ist allgegenwärtig. Es ist nur so, dass diese Führungsaufgabe nicht institutionalisiert ist. Es ist keiner da, dessen feste Stelle das Führen ist. Wie das funktioniert, wird Ihnen während des Lesens deutlich werden.

Dieses Büchlein trägt das Dilemma in sich, dass man quasi schon den dritten Gedanken kennen muss, um den ersten vollständig zu verstehen. Ich kann Sie darum nur ermuntern, sich einfach auf die ersten Gedanken einzulassen und ihren Widerspruch, der sich vielleicht bildet, eine Weile zu konservieren, bis Sie auch die restlichen Gedanken gelesen haben. Also: Pfeffern Sie das Buch nicht gleich nach wenigen Seiten in die Ecke!

In jedem Kapitel gibt es ein Beispiel – und das lässt sich eigentlich immer auf alle siebeneinhalb Gedanken beziehen. Und umgekehrt: Jedes Kapitel lässt sich auf alle Beispiele beziehen. Das liegt in der Natur der Sache. Dennoch leite ich immer einen Gedanken aus je einem Beispiel ab. Sie können sich ja mal den Spaß erlauben und in Gedanken die Beispiele tauschen. Das ist eine gute Denkübung.

# LEUGNISTEN

Eine letzte Warnung möchte ich Ihnen noch mitgeben, bevor es losgeht: Das ganze Büchlein hat keinen Sinn, wenn Sie glauben, dass die Menschen um Sie herum das alles sowieso nicht können.

Dieser Aberglaube, *normale* Menschen könnten sich gar nicht wirksam organisieren, wenn ihnen nicht ein *besserer* Mensch sagt, was sie tun sollen, ist erstaunlich weit verbreitet, bei Jung und Alt, auf jeder Hierarchiestufe und in jeder Branche. Es ist das gleiche Phänomen wie beim im Mittelalter weit verbreiteten Glauben, die Welt sei eine flache Scheibe. Die meisten Leute leugneten damals, dass die Welt eine Kugel sein könnte. Ein paar von diesen Menschen gibt es verblüffenderweise immer noch, wussten Sie das? Sie sind keine *Skeptiker,* sondern *Leugnisten.* Denn Skeptiker sind bereit, die Sache zu überprüfen. Leugnisten beharren auf ihrem Aberglauben und lehnen jeden Vorschlag, der sie davon abbringen könnte, vehement ab. Auch wenn es nicht den geringsten Beweis gibt, der ihre Position stützt.

Fakt ist: Es gibt nicht den geringsten Beweis dafür, dass es eine höhere Spezies braucht, die über Menschen Macht ausübt, weil diese sonst nicht wüssten, was sie tun sollen, um gemeinsam Erfolg zu haben.

Aber jeder, der das will, kann seinen Aberglauben ja behalten. Sie müssen nicht umdenken. Nur: Die Organisationen, die mit diesem Mindset geschaffen werden, werden auch das Verhalten hervorbringen, das zu diesem Mindset passt: Die Menschen werden führungsbedürftig sein und nach Management rufen.

Das ist nun aber kein Beweis, sondern eine Art optische Täuschung, die nach dem Muster sich selbst erfüllender Prophezeiungen hergestellt wurde.

Das Gemeine daran ist: Dieser Aberglaube führt am Ende immer zu Schuldigen und in der Folge immer zu Entlassungen, wenn's mal nicht gut läuft. Entweder sind die doofen Mitarbeiter schuld, weil sie noch schlechter sind als vermutet, oder die Manager haben schlecht gemanagt. Je nach Perspektive. Das ist ein ziemlich einfältiges Spiel. Und langweilig ist es auch.

Ich beschäftige mich nicht mehr mit Leugnisten. Es macht einfach keinen Spaß und lehrreich ist es auch nicht. Es ist allein Ihre Wahl, welches Menschenbild Sie haben wollen. Sie bekommen, was Sie sich wünschen.

So. Nachdem ich nun alle gängigen Einwände abgefangen habe, können wir ja anfangen. Jetzt dürften Sie frei genug im Kopf sein, um sich darauf einzulassen. Wenn nicht: Legen Sie dieses Büchlein weg – denn dann ist das nix für Sie! Lesen Sie lieber ein Managementrezeptbuch. Es gibt genug davon.

Sie sind noch da? Also los: Hier kommt der erste Gedanke.

# ERSTER GEDANKE:
## ECHTE PROBLEME

Ich kenne ein Beratungsunternehmen, das *echte* Probleme hat. Und das ist gut! Denn das heißt, dass es keine *unechten Probleme* hat. Denn hätte es unechte Probleme, dann würde es von den echten Problemen überhaupt nichts mitbekommen oder stünde zumindest vor ihnen wie der Ochs vorm Berg.

Aber der Reihe nach: Damit Sie verstehen, was ich meine und wie dieses Unternehmen tickt, erzähle ich Ihnen zuerst die Geschichte vom orangefarbenen Beetle, die Sie kennen werden, wenn Sie treuer Leser meiner Kolumnen sind.

## DIE GESCHICHTE VOM ORANGEFARBENEN BEETLE

Dieser Beetle war ein Firmenwagen. Und zwar der einer Beraterin in jenem SAP-Beratungshaus namens *abat*. Firmenwagen gibt es in fast jeder Firma, aber normalerweise gibt es dann dort auch die zugehörige Firmenwagenregelung. Und die gab es bei *abat* nicht. Nur ein ungeschriebenes Gesetz: ›Wir fahren die Autos der Hersteller, für die wir arbeiten‹. Sonst nichts, es gab überhaupt keine festen Regeln, wer welches Dienstfahrzeug bekommt. Auch nicht bei mehreren hundert Fahrzeugen und Fahrern.

Und das war Absicht. Dieses Unternehmen hasst nämlich Regeln. Und zwar deshalb, weil Regeln immer Bürokratie nach sich ziehen, denn für jede Regel, die Sie aufstellen, müssen Sie diese ja schließlich verkünden, die Einhaltung der Regel überwachen und Verstöße sanktionieren. Aber gerade Bürokratie war für die konzernerfahrenen Gründer ein rotes Tuch, als sie sich im Jahr 1998 zu viert selbstständig gemacht hatten. Damals hatten sie sich geschworen: »Wir wollen uns nicht bürokratisieren!« Tja, und dann kam es, wie es kommen musste: Die neue Mitarbeiterin reizte den Raum, den die fehlenden Regeln ihr boten, gnadenlos aus: Sie wollte einen orangefarbenen Beetle Cabrio fahren!

Alle dachten: Moment! Wie sieht denn das aus? Will das Unternehmen wirklich in so ein ausgefallenes Auto investieren? Ist das vernünftig?

Die Chefs sprachen mit ihr: »Hey, überleg doch mal: Vielleicht bleibst du ja gar nicht die volle Leasingzeit von drei Jahren über hier in der Firma. Und wenn du gehen solltest, bleibt das Auto hier. Und so eine Lampe von Auto will doch dann keiner haben!«

## DIE VIER GESCHWORENEN

Doch sie hatte ihren eigenen Kopf: »Ich verstoße damit doch gegen keine Regel! Und ich will das Auto eben. Außerdem bin ich gekommen, um zu bleiben. Ich will nicht weg in den nächsten drei Jahren, keine Sorge!«

Sie bekam also den orangefarbenen Beetle. Um sechs Monate später zu kündigen und den orangefarbenen Beetle zurückzulassen.

Oje!

Auf dem Parkplatz stand: der orangefarbene Beetle. Keiner wollte ihn haben: den orangefarbenen Beetle. Das Unternehmen hatte ein Problem mit: dem orangefarbenen Beetle.

Hatte sich also das unkonventionelle Vorgehen ohne Dienstwagenregelung bewährt? Seien wir fair, das hatte es hier nicht.

Was wäre nun die vernünftige Reaktion gewesen? Müssten die Chefs nach dieser Erfahrung jetzt nicht zwingend eine Regel erlassen, wie es sie in jedem anderen Unternehmen auch gibt, einfach weil sich das so bewährt hat? Also etwa: Künftig gibt es nur noch dunkle Autos, Limousine oder Kombi, C-Klasse für Berater, S-Klasse für Chefs! Aber das hieße, den Schwur brechen ... Was glauben Sie also, wurde aus den hehren Vorsätzen der Gründer?

## GESCHICHTENKRAFT

Ich verrate es Ihnen: Das Unternehmen hat damals keine Dienstwagenregelung erlassen! Bis heute nicht. Die Leute von *abat* blieben sich treu und hielten an ihrer Regel-Aversion fest. Und die Beetle-Geschichte spielte ihnen sogar noch in die Karten. Denn es bildete sich dank des Verzichts auf eine offizielle Regelung ein dritter Weg aus: Der der lernenden Organisation und des kulturellen Erinnerungsvermögens.

Folgendes lässt sich heute beobachten: Kommt ein Neuer dazu, wird er gefragt: »Und? Hast du dir schon einen Wagen ausgesucht?« – Und noch bevor der sagen kann, »Ja, ich dachte an einen orangefarbenen ...«, lacht der alte Hase und sagt: »Pass mal auf, ich muss dir dazu grad mal eine Geschichte erzählen: Wir hatten mal eine Beraterin, die hatte sich einen orangefarbenen Beetle ausgesucht. Und dann ...«

In dem Moment setzt sich ein gedanklicher Prozess in Gang. Der Neue beginnt über die Konsequenzen seiner Entscheidung nachzudenken. Und er spürt den sozialen Druck der anderen: Hey, meinst du wirklich, wir finden nach all dem gut, wenn du einen orangefarbenen ...?

Es gibt nach wie vor keine Regel. Er darf sich immer noch aussuchen, was er will – aber innerhalb eines nun noch gestärkteren kulturellen Kraftfelds, gegen das sich zu wehren zwar möglich, aber anstrengend ist. Und so bleibt die Verantwortung fürs Denken bei ihm selber und ist nicht an eine Regel delegiert worden.

Mit dieser Kraft der Geschichten schafft es das Unternehmen seit der Gründung bis heute, nicht nur bei den Dienstwagen, sondern auch in allen anderen Feldern der Arbeit mit extrem wenigen oder gar keinen Regeln auszukommen und dennoch (ich behaupte: gerade deswegen) sehr erfolgreich zu sein. Es widersteht allen Versuchungen der Bürokratisierung, die immer dann verlockend werden, wenn etwas nicht funktioniert und sich jemand darüber aufregt. Regeln entstehen ja immer aus Empörung. Aber hier nicht. Hier entstehen Geschichten. Diese werden nicht mit irgendwelchen Methoden des Storytellings künstlich erzeugt, sondern bilden sich originär aus der Kultur heraus. Und das funktioniert eigentlich überraschend grandios.

## SCHREIENDE KNÄUEL

Oder eigentlich gar nicht überraschend. So, an dieser Stelle wird's jetzt interessant. Interessant ist nun aber keineswegs, wie Sie es schaffen, in Ihrer Organisation die Anschaffung orangefarbener Beetles zu verhindern, sondern wie die Regel-und-Bürokratie-Aversion diesem Unternehmen hilft, echte Probleme zu lösen, und warum das so wichtig ist.

Der springende Punkt: Jede Regel ist eine *interne Referenz,* nach der sich die Mitarbeiter richten (müssen). Und jede interne Referenz spielt sich als Autorität auf, der man sich besser unterwirft. Auch jeder Chef, der per Amtsgewalt das Sagen hat, ist so eine interne Referenz. Jedes vorgegebene Ziel ist eine interne Referenz. Jeder Plan ist eine interne Referenz. Jedes Zielgespräch mit dem Chef ist eine interne Referenz. Jede Checkliste ist eine interne Referenz. Jede Bonusregelung mit individueller Leistungsanreizung ist eine interne Referenz. Auch die eigene Firmenkultur ist eine interne Referenz. – Also alles Umstände, die auf jeden Mitarbeiter ständig einwirken und sein Denken und Verhalten lenken.

In einer *normalen* Firma ist jeder Mitarbeiter in einem ganzen Knäuel aus internen Referenzen gefangen, die ihm nahezu jede Bewegungsfreiheit nehmen. Oder nehmen wir eine andere Metapher: Die Regeln, Ziele, Pläne und so weiter schreien so laut von innen auf den Mitarbeiter ein, dass er darüber hinaus von außen kaum etwas mehr hören kann. Zum Beispiel nicht den Wettbewerber, der gerade bedauerlicherweise ein richtig cooles Feature vorgestellt hat. Oder nicht den Kunden, der leise von seinem neuen Bedürfnis erzählt.

Und wenn ein Kunde ein Bedürfnis hat, dann ist das ein echtes Problem! Mehr noch: Das Kundenproblem ist für das Unternehmen das existenzielle Problem – denn genau solche Kundenprobleme lieferten einst den Grund, warum das Unternehmen überhaupt aus der Taufe gehoben wurde. Jeder Mitarbeiter ist genau dafür da: Das Problem des Kunden MUSS gelöst werden. Es kann nicht ignoriert werden. Denn sonst löst es ein anderer Marktteilnehmer. Und dann ist früher oder später das Unternehmen mitsamt den Arbeitsplätzen überflüssig.

Diese *externe Referenz* ist echt und lebendig. Sie hat Prio eins. Demgegenüber sind all die internen Referenzen, die Regeln, Ziele, Pläne und Ansagen des Chefs nur nachrangige, selbst erfundene Probleme. Es sind einfach nur selbst gestellte Aufgaben. Sie sind artifiziell. Androide Probleme. Den Markt interessieren sie überhaupt nicht. Oder glauben Sie, dass es Wettbewerber oder den Kunden ernsthaft interessiert, welche Reisekostenregelung Sie befolgen, wenn Sie zur Angebotspräsentation erscheinen? Oder welche Zielvorgaben Sie haben? Was Ihr Chef Ihnen gestern hinter die Ohren geschrieben hat? Pah!

(Klammer auf: Ja, ich glaube, dass selbst gesetzte Ziele für Einzelpersonen hilfreich und wirkungsvoll sein können, um etwas im Leben zu schaffen. Ich glaube sogar, dass die Kraft persönlicher Ziele unterschätzt wird. Aber als Koordinationsmechanismus in Organisationen? Nein, in sozialen Systemen werden von innen vorgegebene Ziele dramatisch überschätzt. Da sind sie meistens sogar toxisch. Oder beschämend banal. Individuum und Kollektiv sind eben zwei Paar Schuhe. Klammer zu.)

# VOLLE AUFMERKSAMKEIT

Bei *abat* führt die Regel-Aversion der Gründer und die Machtfreiheit der hierarchielosen Projektteams zu einer verblüffenden wie wohltuenden Abwesenheit von internen Referenzen. Um die Metapher weiter zu strapazieren: In den Teams ist es so still, dass jeder Ton des Kunden laut und deutlich gehört wird. Und die Berater sind so wenig durch interne Referenzen gefesselt, dass sie die Freiheit haben, das Problem des Kunden sofort und wirkungsvoll zu lösen.

Konkret: Bei großen Kunden agieren auch manchmal 100 Berater oder mehr vor Ort, strukturiert in kleinen Teams. Die Teams werden spontan gebildet, je nach Bedarf: Wenn einer was beitragen kann und Zeit hat, gehört er dazu.

Es gibt keinerlei Vorgaben, keine Team-KPIs, keinen formalen Team- oder Projektleiter, der qua Macht irgendwelche Ansagen machen könnte. Es gibt keine Kennzahlen für Projektlaufzeiten oder Auslastungsquoten. Es gibt keine Wirtschaftlichkeitsziele, keine Nachbeauftragungsquoten oder Ähnliches. Es gibt kaum Dokumentation für das interne KPI-Berichtswesen. Natürlich gibt es eine Projektdoku für den Kunden, aber eben keinen Leistungsnachweis nach innen.

So können diese *abat*-Teams ohne Ablenkung durch innere Störfeuer selbstbestimmt agieren. Sie haben Zeit für den Kunden und es gibt nur ein einziges generelles Ziel: die Zufriedenheit des Kunden. Ob das Projekt wirtschaftlich ist oder nicht, ist keinesfalls egal, steht aber an zweiter Stelle.

So frei von allen Zwängen stellen sich die Teams überragend kundenorientiert und rasend schnell auf die Dynamik des Projekts mitsamt allen Überraschungen ein. Und es gibt in solchen großen SAP-Projekten permanent Überraschungen!

# DA GEHT'S LANG!

Wenn Sie sich jetzt fragen, wie sowas ohne Teamleiter funktionieren kann, möchte ich Sie auf die weiteren Gedanken vertrösten: Das besprechen wir noch. Wichtig ist hier nur, dass ich Ihnen mit dem Beispiel *abat* keinen Friede-Freude-Eierkuchen-Zustand beschreibe. In den Teams geht's bisweilen auch mal zackig zu. Es sind nämlich alle sehr engagiert bei der Sache und durch die hohe soziale Dichte gibt es eben auch mal Spannungen. Denn allen geht es um was.

Als ich mit intrinsify.me dort bei *abat* eine Struktur- und Kulturanalyse durchführte, haben wir mit vielen Personen gesprochen. Dabei kam heraus, dass manche die extrem flache Hierarchie sehr gelobt haben. Einige konnten es sehr schätzen, dass es wenig bis keine formale Steuerung in den Teams gibt. Andere dagegen schimpften über die ausgeprägte Hierarchie!

Auf den ersten Blick passt das nicht zusammen, aber auf den zweiten Blick wird klar: Diejenigen, die schimpften, meinten nicht die formale Hierarchie, sondern die sozial legitimierte Führung: Wenn einer nämlich Ahnung hat, geübt ist und für das gerade vorliegende Problem eine ziemlich plausible Lösungsidee entwickelt, dann sagt derjenige auch durchaus mal ziemlich scharf, wo's lang geht. Das kommt nicht bei jedem gleich gut an: »Hey, da spielt sich ja einer auf als derjenige, der glaubt zu wissen, wie es geht!« – Und ja, genau, er hat auch gerade das verlässlichste Gespür für das Problem, nur deshalb folgen ihm die meisten! Es wird also durchaus geführt. Nur gibt es keinen, der fürs Führen zuständig ist. Dazu später mehr.

Hier nur noch dieses: Dass sich die Teams von *abat* so flexibel und anpassungsfähig auf die Anforderungen des Kunden anpassen können, liegt nicht daran, dass die so tolle Menschen sind. Oder dass die kompetenter sind als andere Berater von anderen Firmen. Sondern es liegt daran, dass die durch die internen Referenzen hervorgerufenen Hidden Agendas fehlen, die bei den meisten Unternehmen für den

Kunden im Verborgenen liegen, aber dennoch ständig da sind und das Verhalten der Mitarbeiter wesentlich beeinflussen.

Die heute so existenziell wichtige Ausrichtung an der externen Referenz wird erst möglich durch das Weglassen der internen Referenz. Die Mitarbeiter müssen von innen überhaupt nicht ausgerichtet, orientiert, gesteuert oder sonstwie geführt werden. Das ist das große Missverständnis. All dies passiert nämlich von ganz alleine, sobald das interne Gebrülle aus Zielen, Vorgaben und Regeln weg ist.

Man könnte es auch so sagen: Steuerung von innen braucht es nicht, weil die Steuerung ohnehin und schon immer vorhanden ist. Nämlich von außen, durch Kunden und Wettbewerber. Sobald sich Organisationen nicht mehr selbst daran hindern, die sich bietenden Chancen zu ergreifen und zu nutzen, sind sie erfolgreich. Die eigenen Entscheidungen in der Chefetage sind dann gar nicht mehr so ausschlaggebend. Der Markt hat längst entschieden, wo es langgeht.

Der erste Gedanke lautet:

# BÜROKRATIE MACHT AUS ARBEIT BESCHÄFTIGUNG.

# ZWEITER GEDANKE:
## MANNSCHAFTSSPORT

Wenn Menschen etwas gemeinsam leisten wollen und ihnen keiner sagt, was sie tun sollen, so bilden sie spontan Gemeinschaften, also kleine Gruppen, Teams, Trupps, Task Forces. So wie das Helfer in Katastrophengebieten oder Jagdgesellschaften und wie das die Berater von *abat* tun, die ich im ersten Gedanken erwähnt habe. Ich nenne diese Leistungsgrüppchen *Mannschaften*.

In vielen Fällen bilden sich gute Mannschaften durch Anlagerung an einen initialen Kern. Stellen Sie sich das vor wie beim Bolzen nach der Schule: Bevor man kicken kann, müssen erst die Mannschaften gewählt werden. Die sozial wie sportlich attraktivsten Spieler bilden jeweils den Kern der Mannschaften und wählen den Rest abwechselnd aus dem Pool der Übrigen aus (mit dem mal mehr, mal weniger erfreulichen Nebeneffekt, dass man am Ende ziemlich gut weiß, wie beliebt beziehungsweise wie gut man ist).

Also zum Beispiel ist da ein erfahrener Dieb, der die Idee für einen ganz großen Raubzug hat. Um diese Aufgabe durchzuführen, sucht er sich eine Mannschaft aus Komplizen zusammen. Wie das funktioniert und wie das insbesondere zum Erfolg führt, ist wunderbar im grandiosen Hollywoodfilm *Ocean's Eleven* von Steven Soderbergh zu verfolgen.

Der Film ist ein Remake des gleichnamigen Filmklassikers von 1960, der in Deutschland den wie so oft dümmlichen Titel *Frankie und seine Spießgesellen* verpasst bekam. Damals spielte das legendäre Rat Pack um Frank Sinatra, Dean Martin und Sammy Davis Jr. die Mittelachse der Mannschaft. In Soderberghs Remake von 2001 übernahmen das George Clooney und Brad Pitt.

Der Streifen ist aus meiner Sicht eine Art Lehrfilm für Organisationen, die sich vom ewigen Theater des Managements und den veralteten Pyramidenorganisationen des 20. Jahrhunderts verabschieden wollen. Er zeigt insbesondere fünf Merkmale erfolgreicher Mannschaften.

# ERSTENS: MANNSCHAFTEN ERBRINGEN GEMEINSAM VOLLSTÄNDIGE WERTSCHÖPFUNG.

Oder anders gesagt: Sie erfüllen gemeinsam eine bestimmte Aufgabe komplett mit allem, was dazugehört. Sie kümmern sich um alles, von Anfang bis Ende, das ganze Paket. Sie machen eben nicht nur einen funktionalen Job wie etwa *Einkauf oder Produktion oder Kundenservice,* sondern sie integrieren alle Wertschöpfungsteile der aus Sicht des Kunden vollständigen Leistung.

Die Komplizen in Ocean's Eleven schließen sich zu einer Bande zusammen, bevor der Coup losgeht. Sie tüfteln gemeinsam an den Details und üben und bereiten sich vor. Erst dann geht es los. Und sie bleiben zusammen, bis die Aufgabe erledigt ist. Ganz am Schluss wird die Beute geteilt. Es werden also nicht etwa spezielle Teilaufgaben *outgesourct,* sondern alle machen gemeinsam alles, von Anfang bis Ende.

Und wenn der Coup schiefgeht, sind alle dran. Nicht nur einer. Das gemeinsame Risiko schweißt genauso zusammen wie die gemeinsame Chance. Alle Komplizen wissen: Wenn wir gut aufeinander aufpassen, wenn wir alle so gut wie wir können miteinander und füreinander arbeiten, dann sind wir sicher, dann müsste es funktionieren.

Dementsprechend groß ist die Ernsthaftigkeit bei der Arbeit. Unmotivierter Dienst nach Vorschrift ist undenkbar und würde sofort einen riesigen Ärger unter den Komplizen auslösen. Alle hängen sich rein. Alle haben *Skin in the Game* – es geht um was.

Glauben Sie mir, das macht was mit Ihnen!

## ZWEITENS: PASSUNG STEHT BEI MANNSCHAFTEN VOR DER KOMPETENZ DER EINZELNEN.

Gute Mannschaften sind komplementär, die einzelnen Spieler ergänzen sich gegenseitig.

Im Film gibt es dazu einen kleinen, aber herrlich treffenden Dialog zwischen Danny Ocean (George Clooney) und Rusty Ryan (Brad Pitt). Danny kommt gerade frisch aus dem Gefängnis und beginnt sofort damit, sein Team zusammenzustellen. Als Erstes schnappt er sich Rusty und bespricht mit ihm seine Idee, in Las Vegas gleich drei Casinos auf einmal auszurauben. Rusty sagt: »Du brauchst 'n gutes Dutzend Leute, die 'ne Menge Jobs durchziehen.« – »Und was für Leute?« »Ich würde ganz spontan sagen: Du suchst einen Bill Gates, einen Jim Brown, eine Miss Daisy, zwei Clowns und einen Joe Frazier. Nicht zu vergessen den besten Alfred Hitchcock der Welt.« (Jim Brown war übrigens einer der besten, weil schnellsten Runningbacks im American Football und Joe Frazier eine Boxerlegende – die anderen dürften Sie ohnehin kennen.)

In einer Mannschaft spielen also nicht einfach nur gute Spieler zusammen, sondern genau die, die zusammenpassen. Würden Sie als Fußballmanager zum Beispiel einfach die elf teuersten Spieler der Welt zusammenkaufen, weil Ihnen gerade ein Scheich einen Lastwagen voller Petrodollars vors Büro gefahren hat, dann würden Sie mit dieser Mannschaft voller Offensivstars (denn die sind typischerweise am teuersten) vielleicht anfangs das Stadion füllen, aber Sie würden vermutlich in keinem großen Wettbewerb einen Blumentopf gewinnen. Die besten Trainer und Fußballmanager wissen bei Neueinkäufen ganz genau, wen sie für welche Position im Team haben wollen, auch wenn die Medien meist nur über die teuersten Spieler berichten. Danny Ocean wusste es auch. Und je komplexer die Aufgabe, desto besser muss die Mannschaft sich gegenseitig ergänzen.

## DRITTENS: MANNSCHAFTEN HABEN ZWAR EINEN STIFTER, ABER KEINEN CHEF.

Alle Mitspieler sind freiwillig an Bord und können jederzeit gehen, wenn sie wollen. Das heißt: Der Stifter hat zwar ein hohes Ansehen (sonst würde sich die Mannschaft um ihn herum gar nicht erst bilden), aber er hat keine formale Macht. Er dient als Attraktor und muss dabei keinesfalls so gut aussehen wie der 40-jährige George Clooney.

Das heißt auch: Niemand sieht seine Aufgabe darin, ein Vorgesetzter für andere zu sein, also einzig und alleine darin, auf andere aufzupassen und etwas zu unternehmen, wenn ein anderer etwas nicht tut oder schlecht tut oder sonst wie den Erfolg gefährdet. Es gibt keine Kontrolle, keine Sanktionsmittel, keine Konsequenzen durch einen Vorgesetzten – weil es keinen Vorgesetzten gibt.

Das heißt aber nicht, dass jeder tun kann, was er will, und sei es auf Kosten der Mannschaft. Denn in solchen Gruppen ist die Verantwortung nicht verschwunden, sondern sie ist kollektiviert. Jeder hat sie. Und gegen einen Quertreiber würde die restliche Gruppe geschlossen vorgehen. Die Aufmerksamkeit, dass alles gut läuft, ist bei allen sehr hoch.

Der Teamstifter ist kein Chef, er hat nicht die Führungsposition. Es gibt ja keine feste Führungsposition. Aber ihm wird ein gewisses Ansehen gespendet. Er genießt Vertrauen, kann an die Ehre jedes Einzelnen appellieren und nicht zuletzt Zuversicht geben: Wir können das packen! Wir haben eine Chance! Das kann klappen! Wir können das Problem lösen!

# VIERTENS: JEDER EINZELNE SPIELER IST UNVERZICHTBAR.

Innerhalb des Teams gibt es verschiedene Teilaufgaben, die spezielle Fähigkeiten erfordern. Jeder der Spieler kann irgendetwas besonders gut. Das Heil liegt nicht im Team allein, es braucht kein ständiges Aufeinanderhocken. Jeder ist ein echter Könner und entwickelt Lösungen auch mal in tüfteliger Stillarbeit. Aber das Gesamtprodukt können die Spieler nur gemeinsam herstellen. Und da alle am gemeinsamen Erfolg interessiert sind, ist sich keiner zu schade, auch jede Menge Taten beizusteuern, die nichts mit einer Spezialisierung zu tun haben. Dinge, die einfach getan werden müssen, obwohl sie nicht sonderlich attraktiv sind.

Der Taschendieb Linus (gespielt von Matt Damon) klaut nicht nur Nummerncodes, sondern seilt sich auch in den Tresorraum ab. Rusty macht alles Mögliche: Er spielt einen Arzt, einen Polizeibeamten, zieht zig Kostüme an. Einmal ruft er den Chef des Casinos an.

Die Komplizen haben keine Stellen, sondern sie übernehmen Rollen. Jeder Einzelne übernimmt viele verschiedene Rollen, ganz ungeachtet seiner formalen Ausbildung oder Fähigkeiten. Gemacht wird, was gemacht werden muss. Und was gemacht werden muss, bestimmt nicht irgendeine Person, sondern das Problem, das gelöst werden will. Wer was macht, wird also durch die externe Referenz bestimmt, nicht durch irgendeine interne Referenz. Siehe erster Gedanke.

Und dann ist nach einer gewissen Zeit der Zusammenarbeit der einzelne Mensch entscheidend, nicht die Expertise. Das heißt: Der Sprengstoffexperte kann dann nicht einfach einen Vertreter mit ähnlicher Expertise als Ersatz schicken. Denn er ist ja nicht einfach nur Pyrotechniker, sondern als Individuum vor allem auch Mitglied der Mannschaft.

## FÜNFTENS: DER KULTURELLE KITT MACHT MANNSCHAFTEN STARK.

Als Danny Ocean und Rusty Ryan ihren Bill Gates aufsuchen, der den ganzen (kostspieligen) Coup vorfinanzieren soll, sagt der: »Ihr braucht ein Team, das genauso irre ist wie ihr beide. An wen habt ihr gedacht?«

Also nicht nur die Skills müssen zusammenpassen, sondern die Charaktere müssen auch in der Lage sein, einen Mannschaftsgeist auszubilden. Zu diesem Mannschaftsgeist kann man auf Fachchinesisch auch *Kohäsion* sagen, also Zusammenhalt. Ich mag den Begriff: *soziale Dichte.* Das signalisiert nämlich, dass die Mannschaft zusammenrücken muss. Denn jeder Einzelne leistet mit und für alle anderen. Oder ich sage: *kultureller Kitt.*

Dieser kulturelle Kitt entsteht in Mannschaften nicht von heute auf morgen, sondern braucht Zeit. Es ist eine sich entwickelnde Geschichte. Mannschaften müssen die Gelegenheit bekommen, zusammenzuwachsen, indem sie gemeinsame Erfahrungen machen. Darum waren die beiden inoffiziellen Mannschaftssongs der deutschen Fußballnationalmannschaft während der WM 2006 vom unsäglichen Xavier Naidoo auch so passend: »Dieser Weg wird kein leichter sein, dieser Weg wird steinig und schwer« und »Was wir alleine nicht schaffen, das schaffen wir dann zusammen«.

Bei den Ocean's Eleven war es auch so: Jeder der Komplizen war ein echter Könner in seiner Disziplin mit sehr spezifischer Persönlichkeit: großmäulige Typen, die super Auto fahren können, der penible Computerfreak, der draufgängerische Sprengstoffexperte, der freakige Schlangenmensch, ein hoch introvertierter Taschendieb … – Aber entscheidender: Kein Einziger hätte den Coup alleine machen können. Es hat genau diese Elf gebraucht. Und sie mussten erst mal als Gruppe durch eine Geschichte durch, bei der es auch Zwist, Zweifel und Misstrauen gab.

Solche Mannschaften sind sehr sensibel gegen Veränderungen. Denn die reißen den kulturellen Kitt auseinander. Jeder Neuling ist dann für einige Zeit nicht verkittet und darum ein Fremdkörper, der die ganze Mannschaft schwächt.

Das ist der Alptraum eines jeden autoritären Führers, der so gerne poltert: »Jeder ist ersetzbar!« – Nein, ist er nicht! Es ist auch ein Irrglaube, dass eine besonders gute Methode oder ein guter Prozess oder eine geniale Strategie oder so etwas das Team so gut gemacht hat. Es ist tatsächlich andersrum: Eine Mannschaft mit hoher sozialer Dichte und Fokus auf echte Probleme macht viele Methoden, Prozesse und Strategien erst erfolgreich.

## DIE HATTEN DOCH EINEN PLAN!

Jetzt können Sie natürlich herrlich gegenargumentieren: Halt! Was die Gang um Danny Ocean so erfolgreich gemacht hat, war doch kein komischer Kitt, sondern schlicht und ergreifend der geniale Plan!

Nun, da ist schon was dran: Um ein komplexes Problem zu lösen, braucht es auf jeden Fall immer eine zündende Idee. Aber wenn wir da mal genau hinschauen: Da wird nicht einfach ein perfekt durchdachter Plan minutiös abgearbeitet. Bei einem hoch komplexen Vorhaben gibt es jede Menge Überraschungen, es geht viel schief und es muss ständig improvisiert werden.

Die Ocean's Eleven haben auch nicht einfach nur einen Plan auswendig gelernt, sondern sie haben sich auf die Aufgabe vorbereitet, sie haben geübt, getestet, ausprobiert. Sie haben sogar den Tresorraum nachgebaut, um den Einbruch zu trainieren.

Viel wichtiger als die Plantreue ist bei der eigentlichen Arbeit dann das Können der Akteure – und die Tatsache, dass sie sich gegenseitig aufeinander verlassen können.

Ja, natürlich gibt es eine gute Idee. Und die ist durchdacht. Aber erstens kommt es immer anders und zweitens als man denkt. Pläne gehen in Wirklichkeit niemals auf. Doch dann gewinnen gute Mannschaften dennoch.

# TRAU, SCHAU, WEM!

Wenn Sie sich jetzt fragen, wie Sie solche Gewinnermannschaften in Ihrer Organisation aufbauen könnten, gestatten Sie mir bitte einen Hinweis: Bei Ihnen gibt es schon solche *Ocean's Elevens!*

Auch in jeder autoritär und hierarchisch geführten Organisation gibt es heutzutage immer Mannschaften, sonst wären sie womöglich schon gänzlich vom Markt verschwunden. Die Mannschaften sind fast nie identisch mit den Abteilungen, sie verlaufen über die Silogrenzen hinweg und sie fliegen immer unter dem Radar. Sie sind nicht legitimiert, aber sie leisten dennoch. Und zwar aus Passion. Aus Spaß. Weil sie gerne erfolgreich arbeiten. Und aus Pflichtgefühl, denn sonst kriegt man die wirklich wichtigen Dinge nicht mehr gewuppt.

Sie zu entdecken, zu legitimieren und zu schützen ist zwar genau die richtige Vorgehensweise, aber es ist kein leichtes Unterfangen. Denn kaum knipsen Sie die Taschenlampe an und leuchten auf die Hinterbühne, da machen sich die Mannschaften dünne, denn sie müssen befürchten, von der Hierarchie plattgemacht zu werden. Zuerst müssten Sie also einiges in den Vertrauensaufbau investieren.

So oder so: Mannschaften leben von einem Schutzraum und von Vertrauen, das in sie gesetzt wird. Sie müssen sicher sein, dass sie gewollt sind und agieren dürfen. Sonst tun sie's nicht.

Der zweite Gedanke lautet:

# NUR ECHTE MANNSCHAFTEN LEISTEN FÜR- UND MITEINANDER.

# DRITTER GEDANKE:
## ÄMTERLOSIGKEIT

Mitglieder unterschiedlicher Mannschaften treffen bisweilen aufeinander, beispielsweise auf einem Branchenkongress. Wenn Sie da gefragt werden »Was machen Sie?«, so bezieht sich die Frage meist weniger auf Ihre Tätigkeiten oder auf ein aktuell zu bewältigendes Projekt, sondern fast immer auf Ihre Position in der Organisation. Der Frager will wissen, wer Sie sind, und erkennt daran, welche Stelle Sie haben. Aufgabenbereich, Position, Stelle, damit werden Sie ganz selbstverständlich identifiziert. Sie *sind* sozusagen Ihre Stelle, Sie *sind Kundenbetreuer im Versicherungsaußendienst, Englischlehrerin* oder *Head of Marketing & PR.*

Und für das Selbstverständnis der meisten Mitarbeiter in hierarchischen Organisationen ist das auch ganz wichtig: Sie wollen sicher wissen, wer sie in der Organisation sind, sie leiten ihre Identität als Mitglied der Organisation von dem Amt ab, das ihnen gnädigst verliehen wurde, so wie der Bischof vom Papst ernannt oder zumindest bestätigt wurde und darum weiß, dass er Bischof ist, weil er das Episkopat, das Bischofsamt bekleidet.

Aus diesem Blickwinkel heraus bestehen Schulen, Unternehmen, Behörden oder Krankenhäuser gar nicht aus den Menschen, die darin arbeiten, sondern aus Ämtern, an die ein Bündel von Erwartungen geknüpft ist. Ob ein Amt dann mal von Peter oder von Hannelore besetzt wird, ist nachrangig.

# DAS IST DOCH KEIN ZUSTAND!

Das alte deutsche Wort Amt wurde schon sehr früh aus dem Keltischen entlehnt. Dort hieß *ambactos* der Hörige, der Diener, der Gefolgsmann. Also einer der tut, wie ihm geheißen. Wer ein Amt innehat, der hat immer auch jemanden, der ihm das Amt verliehen hat – heute heißt derjenige *Chef*.

Chef ist auch ein Amt, ein Führungsamt, denn der Chef hat auch wieder einen Chef und so weiter, bis hin zu den Eigentümern. Und jeder, der ein Amt hat, hat dadurch eine feste Aufgabe – eben etwas, das ihm von dem Führungsamtsinhaber aufgegeben wurde. Diese Aufgabe ist gleichzeitig das, was ihm zusteht … er ist für diese Aufgabe zuständig. Und diese Zuständigkeit ist ein stabiler Zustand. Also ER ist zuständig und kein anderer, das wird nicht täglich umgeschmissen. In hierarchischen Unternehmen sind die Amtsbezirke genau abgegrenzt. Der Zuständige ist angehalten, seinen Zuständigkeitsbereich zu verteidigen und tut wie ihm geheißen: »He, dafür bin doch ich zuständig! Halt dich da raus!« Und der Kunde sucht einen, der ihm Rede und Antwort schuldig ist: »Wer ist bei Ihnen eigentlich dafür zuständig?«

Das gibt Übersicht, Klarheit, Struktur. Wenn jeder genau weiß, was er zu tun hat, dann gibt's kein Durcheinander. Und: Wenn ein Amtsinhaber seine Aufgabe erfüllt hat, hat er alles getan, was die hierarchische Organisation von ihm verlangt. Er hat seine Zuständigkeit erfüllt, er hat seinen Job erledigt, er hat Dienst nach Vorschrift gemacht.

Darum tue ich auch gerne so, als ob ich überhaupt nicht verstehen würde, warum die Wendung *Dienst nach Vorschrift* heute als Drohung oder Beleidigung verstanden wird. Das Konzept der hierarchischen, gesteuerten Organisation ist doch gerade, dass jeder Dienst nach Vorschrift macht. In der Fantasie funktioniert dann alles wie ein gut geschmiertes Uhrwerk.

## »GANZ EHRLICH: DAS IST NICHT SO EINFACH...«

Nur wissen Sie so gut wie Friedrich von Schiller, dass die Fantasie ein ewiger Frühling ist. Mit profaneren Worten: Das ist alles Quatsch. Und das weiß auch der weise Volksmund, weshalb er über *Dienst nach Vorschrift* völlig zu Recht abfällig spricht. Eine Organisation, in der jeder nur tut, wofür er zuständig ist, wird nämlich in der Praxis schnell pleite gehen, außer vielleicht es handelt sich um das Finanzamt, aber selbst da bin ich mir nicht sicher.

In Wahrheit erfordert jede Organisation, dass getan wird, was zu tun ist, insbesondere die Dinge, für die niemand zuständig ist. Und das sind in der nicht idealen Welt, in der wir leben, jede Menge Dinge. Es werden sogar immer mehr, denn die Welt wird nicht schlichter, sondern immer komplexer – was nichts anderes bedeutet, als dass die Zahl der Überraschungen zunimmt. Und Überraschungen konnte derjenige, der das Organigramm und die Stellenbeschreibungen der hierarchischen Organisation gemalt hatte, eben nicht voraussehen, sonst wären es ja keine Überraschungen.

Es mag theoretisch bestimmte Branchen geben, bei denen die Komplexität so niedrig ist, dass alle Aufgaben lückenlos auf Ämter verteilt werden können. Zum Beispiel ein Orchester. Da gibt es den Intendanten, den Dirigenten, den Ersten Geiger, den Pianisten, den Flötisten, den Schlagzeuger und so weiter bis hin zum Klavierstimmer. Und selbstverständlich spielt der Schlagzeuger nicht Geige und umgekehrt. Aber selbst ein Kammerorchester – und darauf will ich in diesem Kapitel hinaus – kann komplett ohne Chef und ohne jedes andere Amt auskommen und dennoch ... sorry ... deshalb weltklasse funktionieren.

So wie das *Orpheus Chamber Orchestra*.

Das ist wahrlich eine bemerkenswerte Mannschaft. Lesen Sie nur mal drei Dialogfetzen von Mitgliedern dieses ungewöhnlichen Kammerorchesters, dann wird klar, was ich meine:

- *»Du musst dem Künstler in dir vertrauen und ehrlich zu dir selbst sein – und gleichzeitig darfst du deine Kollegen nicht beleidigen!«*
- *»Wir wollen unterschiedliche Persönlichkeiten, die unterschiedliche Aspekte beitragen, aber trotzdem müssen wir alle gut zusammenpassen. Ganz ehrlich: Das ist nicht so einfach!«*
- *»Alle reden davon, wir hätten keinen Dirigenten. Dabei haben wir 30!«*

Das Orpheus Chamber Orchestra wurde 1972 in New York City vom Cellisten Julian Fifer und ein paar Kollegen gegründet. Die eigentliche Idee des Orchesters bestand von Anfang an darin, dass es grundsätzlich ohne Dirigent arbeitet.

Sollten Sie von Musik nicht so viel verstehen, wird Ihnen dennoch sofort klar: Das ist ungefähr so revolutionär wie ein Schiff ohne Kapitän.

Und das heißt nicht etwa, dass das Schiff KEINEN Kapitän hat, sondern dass es VIELE hat. Die Organisation ist nicht *führungslos,* sondern *führerlos.* Konzertmeister oder Stimmführer wird beim Orpheus Chambers Orchestra eben derjenige, der gerade die beste Idee hat, derjenige, der gerade am nächsten dran ist, derjenige, dessen Führungsanspruch im Moment für alle die höchste Plausibilität hat. Einer der Musiker hat sich 20 Jahre intensiv mit Brahms beschäftigt, und weil jetzt Brahms dran ist, hören selbstverständlich nun alle auf den Brahms-Spezialisten.

Und die anderen folgen dann freiwillig – auch wenn sie zuvor bei einer anderen Sache noch selbst geführt haben.

Dass die ganze Sache funktioniert, darüber gibt es nach 45 Jahren und mehreren Grammy Awards nun wirklich keinen Zweifel.

## PURE MAGIE

Nun ist das Orpheus Chamber Orchestra für seine Führerlosigkeit bekannt, sogar viele Wirtschaftsunternehmen, die ihre Teams besser organisieren möchten, versuchen sich etwas von dem besonderen *Or-*

*pheus Process* abzuschauen. Aber unter uns: Das finde ich gar nicht so spannend.

Denn die eigentliche Wertschöpfung eines klassischen Kammerorchesters findet doch letztlich dadurch statt, dass Noten vom Blatt gespielt werden. Natürlich kommt es sehr darauf an, auf welche Weise die einzelnen Instrumente zusammenspielen, aber der eigentliche Chef existiert ja dennoch: In Form der Partitur, die nichts anderes ist als die präzise Aufzeichnung aller Stimmen des Musikstücks. Die Partitur sagt, wann wer ein Gis spielt, wann wer eine Pause hat und wann wer lauter oder leiser spielt. Es gibt Interpretationsspielraum, völlig klar. Aber letztlich werden die Musiker ganz wesentlich von der Partitur gesteuert.

Und dass sich ein Orchester ganz oder in Teilen während der Proben selbst organisiert, ist auch nicht so besonders, das gibt es auch in anderen Orchestern.

Wenn Sie Führerlosigkeit in Vollendung auch bei der Wertschöpfung erleben möchten, dann besuchen Sie besser einen Gig einer richtig guten Jazzcombo. Denn Jazzmusiker sind die natürlichen Meister darin, sich zu organisieren, ohne dass es jemanden gibt, dessen Amt es ist, allen zu sagen, was sie tun sollen.

Hier spielt Passung die größte Rolle: Alle Musiker arbeiten hart und jederzeit daran, zueinander passend zu improvisieren. Mal spielt einer solo, mal Begleitung, mal Rhythmus, mal Harmonie. Es gibt unterschiedliche Funktionen, die aus dem Moment heraus entstehen und die ständig wechseln. Manchmal schon nach vier Takten.

Nach meiner Erfahrung– und ich habe tatsächlich einschlägige Erfahrung, ich bin nämlich Pianist und Bassist und habe in Jazzbands gespielt – sind die richtig guten Jazzmusiker nicht diejenigen, die besonders gut spielen, sondern diejenigen, die besonders gut hören, was die anderen spielen. Manch passabler Jazzmusiker bemängelt in der Session: »Ich hör mich nicht!« – Die wirklich guten Jazzer hören immer alles.

Schauen Sie sich mal Videos von Jazz-Konzerten auf *YouTube* an und schauen Sie dabei in die Gesichter der Musiker. Die meisten schauen beim Spielen konzentriert irgendwohin. Manche schließen die Augen, manche schauen auf den Boden, andere starren ins Leere. Und dann huscht ihnen plötzlich ein Lächeln übers Gesicht: einfach schön! Er freut sich. Aber nicht darüber, dass er gerade so eine tolle Idee hatte, sondern er lächelt über das, was einer der anderen gerade gemacht hat: Einer hat eine neue Figur angeboten, der andere hat sie virtuos aufgenommen und weitergesponnen. Gerade noch plätscherten die Harmonien vor sich hin, plötzlich zeigte sich etwas Magisches.

Manchmal entsteht so große Kunst. Aber nicht immer. Es gibt auch bei Weltklasse-Bands immer wieder auch Abende, die lediglich ganz ok sind. Und manchmal haut es einen aus den Socken, weil das, was sich *zwischen* den Musikern abspielt, einfach unglaublich gut ist.

Dafür reichen schon zwei zueinander passende Musiker aus. Sie sollten mich mal von Bobby McFerrin im Duett mit Chick Corea schwärmen hören. Aber das ist eine andere Geschichte.

## UND WER BRINGT JETZT DEN MÜLL RAUS?

Worauf ich hier hinaus will: Für mich ist das Orpheus Chambers Orchestra nicht wegen der *Führerlosigkeit* so bemerkenswert, sondern wegen der *Ämterlosigkeit:* Dieses Orchester schafft es nämlich, komplett alle Funktionen, die es in so einem Orchester eben gibt, selbst abzudecken, ohne Ämter zu verleihen. Und mit alle Funktionen meine ich alle, insbesondere die außerhalb der musikalischen Wertschöpfung.

Da übernimmt der hochdekorierte Flötist so etwas Profanes wie die Vergabe der Parkplätze. Der Pianist kümmert sich um die Anmietung der Locations für eine Konzertreise. Der Schlagzeuger hängt sich in die Suche nach einem neuen Hornisten rein. Und so weiter. Das Orpheus Chambers Orchestra ist auch die ganze Organisation um das eigentliche Orchester herum. Eine ganze Company. Und das alles ohne Zuständigkeiten.

Mit der hohen sozialen Dichte, die in dieser Mannschaft vorhanden ist, wird jedem klar, wo Rollen auszufüllen sind – und dann gibt es immer einen, der sich diese Rolle schnappt. Das nicht immer mit größter Freude. Manchmal einfach nur, weil es gemacht werden muss, weil sonst der Erfolg der kompletten Mission in Gefahr gerät. Bei nächster Gelegenheit wechselt die Rolle dann wieder.

Und wer übernimmt dann die Rolle? – Die Antwort ist verblüffend einfach: Derjenige, der gerade den Impuls dafür verspürt, der Bock dazu hat, der den momentanen Zustand einfach nicht so lassen möchte oder der eine Idee dazu hat. Die Idee, wie eine Rolle für den Moment ausgefüllt werden sollte, damit alle etwas davon haben, muss vorhanden sein, sonst geht es ja nicht. Nur kommen Menschen Ideen völlig unabhängig davon, ob sie ein Amt verliehen bekommen haben oder nicht. Ideen sind unabhängig von Positionen. Menschen haben Ideen, weil sie Menschen sind, nicht weil sie im Offiziers-Casino zu Mittag essen dürfen.

So wie Sie nicht vom Chef erwarten dürfen, dass er immer die beste Idee für alle Vorhaben hat und deshalb immer führt, so dürfen Sie nicht vom Marketingmanager erwarten, dass der immer die beste Idee für eine Kampagne hat, oder vom Produktionsleiter, dass er die beste Idee für die Neuorganisation der Produktionsstraße hat. Und doch spielt man sich oft genau dieses Theater vor, nur um den hierarchischen Frieden nicht zu riskieren.

Wenn Sie also wollen, dass die besten Ideen, die im Team existieren, zur Wirkung kommen, dann dürfen Sie eines nicht machen: Ämter vergeben.

Denn mit jedem Amt ist Amtsgewalt verbunden: Der Amtsbezirk ist der Machtbereich. Darin ist der Amtsinhaber Chef, er hat formale Macht. Und formale Macht ist in Mannschaften grundsätzlich kontraproduktiv. Die Machtposition alleine erzeugt nämlich bereits eine interne Referenz, die die externe Referenz (Wettbewerb, Kunde) überlagert. Plötzlich wird entschieden, was der Chef sagt. Lächelt der Chef, wenn ich das sage, oder nicht? Schüttelt er den Kopf? Der Chef nimmt mit den kleinsten Regungen Einfluss und ist die dominante interne Referenz.

Das geschieht unwillkürlich, denn die formale Macht nimmt jedem Beteiligten sofort Verantwortung ab. Sie enthaftet. Die Anwesenheit des Chefs entzieht dem Mitarbeiter die Unmittelbarkeit der Gefahr, dass das Team an der Aufgabe versagen oder scheitern könnte. Das macht es für jeden unbewusst ein Stück weit beliebiger, der Fokus richtet sich weg von der gemeinsamen Mission und hin zur Erfüllung seines Jobs. Sobald ein Amtsinhaber kraft seines Amtes formale Macht ausübt, bilden sich überall Zuständigkeiten aus, auch die anderen Teammitglieder wollen unwillkürlich wissen, was ihr Amt ist.

Das Gleiche gilt für Direktiven, also vom Chef erlassene Vorschriften: je mehr Vorschriften, desto weniger Raum für Verantwortung und Ideen. Die Regeln sorgen für ständige Anwesenheit der internen Referenz, auch wenn der Amtsträger gerade nicht selbst anwesend ist. Und sie hebeln das Denken aus. Sie sorgen dafür, dass Ideen verschwiegen werden (»Ich bin ja nicht zuständig!«) oder dass diejenigen, die mit ihren Ideen nicht durchkommen, aber nicht von ihnen ablassen wollen, kündigen und sich selbstständig machen.

Darum geht nicht beides: ein sich selbst organisierendes Team und feste Zuständigkeiten.

Der dritte Gedanke lautet:

# OHNE ÄMTER ENTSTEHEN ENGAGEMENT UND VERANTWORTUNG.

# VIERTER GEDANKE:
## BEUTE TEILEN

Ob die Gruppe von Menschen, in der Sie Verantwortung tragen, nun ein Lehrerkollegium an einem Gymnasium ist oder die zehn Angestellten eines Handwerksbetriebs, die Jugendgruppe einer Kirchengemeinde oder der Vorstand eines Modellbauvereins, der deutsche Ableger eines internationalen Konzerns mit ein paar Zehntausend Angestellten oder Eltern, Kind und Kegel einer typisch mitteleuropäischen Familie. Egal. Ganz sicher ist, dass Sie vollkommen recht haben, wenn Sie einwenden, dass Ihre Situation nun mal grundverschieden ist von der in einem Boxring im Zaire der Siebzigerjahre. Und ich gebe auch zu, dass Sie sich nicht mit dem Kauf eines orangefarbenen Beetles als Firmenwagen rumschlagen. Höchstwahrscheinlich. Sie haben vermutlich auch völlig andere Probleme zu lösen als eine fiktive Einbrecherbande. Und erst recht ist Ihre Gruppe völlig anders als ein Kammerorchester ohne Dirigent. Völlig richtig.

Denn das sind alles nur Analogien.

## ÄPFEL UND BIRNEN

Analogien sind immer falsch im strengen Sinne. Sie sind fehlerhaft. Sie sind keine Vorbilder und sollen auch keine sein. Wenn Sie sich deshalb gegen Vorschläge wehren, die im Gewand von Analogien daherkommen, indem Sie das bewährte Bei-uns-ist-das-alles-ganz-anders-Killerargument anschleifen, dann ist das korrekt und banal gleichzeitig.

Und außerdem auch ignorant.

Warum, glauben Sie wohl, hat Jesus seine wichtigsten Botschaften in Form von Gleichnissen verfasst? (Jedenfalls haben das die Autoren der Bibel dem Jesus von Nazareth so in den Mund gelegt.) Warum? Weil das Gleichnis ein fast schon magisch wirksames Stilmittel ist. Das menschliche Gehirn kann nämlich exzellent Analogieschlüsse ziehen.

Auf diese Weise bekommen Sie das Prinzip in den Kopf, das hinter der Analogie steht, anstatt nur ein Eins-zu-eins-Rezept, das im Ernstfall ohnehin versagt, weil immer alles anders kommt, als man denkt.

Natürlich könnte ich Ihnen auch lang und breit das zugrunde liegende Prinzip auf abstrakte Weise auseinanderklamüsern. Na ja, ganz ehrlich: Das würde mir durchaus Freude machen, denn ich bin ja ein Verfechter guter Theorie. Und es gibt schließlich nichts Praktischeres als eine gute Theorie, wie schon Kurt Lewin wusste. Nur passt das weder vom Umfang noch vom Genre in dieses Buch. Hervorragende Theoriebücher über Systemtheorie, Kybernetik, moderne Unternehmensführung, Gruppensoziologie, Psychologie und dergleichen gibt es ja auch schon. Mein Anspruch ist hier vielmehr, dass Sie sich am Ende des Tages an das konkrete Beispiel erinnern werden und es sogar nacherzählen können, während Sie damit vor allem das Grundprinzip verbinden, um das es mir geht.

Darum empfehle ich Ihnen, zum Zwecke des Augenöffnens ab und zu Äpfel mit Birnen zu vergleichen. Entgegen der weit verbreiteten Ansicht ist das nämlich sehr wohl möglich. Es kommt nur drauf an, was Sie da vergleichen! Zwar sind Äpfel tatsächlich keine Birnen, aber warum sollten Sie nicht den Zuckergehalt oder das Gewicht eines Apfels mit dem einer Birne vergleichen können?

# FUßBALL IST UNSER LEBEN!

Ich biete Ihnen in diesem Buch eine ganze Reihe von Birnen an, die mehr oder weniger gut mit Ihrem Apfel vergleichbar sind. Das setzt mich der Kritik derjenigen aus, die über die Bären-, Mäuse- und Löwenstrategien spotten, die sich im Buchmarkt breitgemacht haben.

Und da bin ich ja sogar geneigt, den Kritikern zuzustimmen. Denn nicht jede Analogie ist eine gute Analogie. Speziell bei Tieren sind ja doch allerhand Reflexe und Instinkthaftes und bestimmte Evolutionsphänomene beteiligt, die beim Menschen ganz anders sind.

Aber dafür liebe ich Sportmetaphern! Im Sport sind die Akteure Menschen. So wie in Wirtschaft und Gesellschaft. Fußball oder jede andere Mannschaftssportart ist für mich wie eine Art Prototyp für einen Kontext, der extrem dynamisch ist. Es geht enorm schnell zu, es gibt Überraschungen im Sekundentakt, die sowohl von der eigenen Mannschaft induziert werden als auch vom Gegner.

Gleichzeitig gibt es nur ein begrenztes Set von Regeln, so wie in der Gesellschaft eine Verfassung und ein paar Gesetzbücher wie das Handelsgesetzbuch, das Bürgerliche Gesetzbuch und das Strafgesetzbuch im Wesentlichen ausreichen, um das Zusammenleben so zu gestalten, dass einerseits jeder Mensch einigermaßen frei bleibt und andererseits die Menschen sich nicht gegenseitig die Köpfe einschlagen.

Die Organisation einer Fußballmannschaft ist die perfekte Analogie für eine moderne Organisation in Wirtschaft und Gesellschaft. Vor allem wegen der Kombination aus freier, flexibler Improvisation und fix eingerasteten Prozessen. In einem Fußballspiel gibt es zum Beispiel viele Spielmuster, die man intensiv trainiert, bis sie sitzen, fast schon Automatismen, die blind abgespult werden. Gleichzeitig braucht eine Mannschaft eine unglaublich hohe Anpassungsfähigkeit, weil im Spiel rasend schnell Entscheidungen zu treffen sind und manchmal eine Lösung die völlige Abkehr von vorgefertigten Mustern erfordert.

Vor allem gleicht der Fußball dem wahren Leben darin, dass es sich in beiden Fällen immer um ein emergentes Phänomen handelt. Und das ist wohl der wichtigste Punkt bei diesem Gleichnis.

# UNGLEICHE GEGNER

Emergenz bedeutet *Auftauchen, Emporsteigen, Herauskommen,* wenn man es direkt aus dem Lateinischen übersetzt. Gemeint ist damit das Phänomen, wenn das Zusammenspiel bekannter Elemente in einem System ganz neue Eigenschaften oder Strukturen hervorbringt. Diese Strukturen sind ganz offensichtlich nicht auf die Eigenschaften der einzelnen Elemente zurückzuführen, sondern sie entstehen zwischen den Elementen, sozusagen aus dem Spiel heraus. Ich könnte auch sagen: Sie entspringen der Passung der Mitglieder einer Mannschaft. Insofern sind sie eine Leistung des Teams, nicht die von Einzelspielern.

Das wird besonders deutlich, sobald mal einer der Spieler fehlt.

Zum Beispiel wie weiland im Hinspiel des Viertelfinales der UEFA Champions League 2017 zwischen dem FC Bayern München und Real Madrid. Auch wenn Sie vielleicht anders als ich kein Fußballnarr sind – das Spiel war so interessant, dass es sich lohnt, ein wenig genauer hinzuschauen:

Real Madrid war 2017 das Exzellenzbeispiel für eine *szenendominante* Mannschaft: Die Mannschaft hat sich insgesamt darauf spezialisiert, den Gegner bei einem Ballgewinn sofort überfallartig und mit zwingender Konsequenz zu überspielen. Das Spiel wird also nicht langsam und sorgfältig entwickelt, sondern durch einzelne schnelle Szenen geprägt. Die Tore werden mit blitzschnellen Vorstößen erzielt. Im Fußballneudeutsch heißt das auch *Umschaltspiel.*

Demgegenüber war Bayern München das Exzellenzbeispiel für eine *raumdominante* Mannschaft: Alle spielentscheidenden Räume werden so besetzt, dass der Gegner keinen Platz bekommt, um sein Spiel zu entfalten und immer dem Ball hinterherläuft. Die Räume werden konsequent *überladen,* so dass der Gegner situativ in Unterzahl kommt und ausgespielt werden kann. Der Gegner wird mit langsamem Würgegriff in dessen Spielhälfte eingeschnürt, die Tore werden sozusagen mit Übermacht erzwungen. Im Fußballneudeutsch heißt das auch *Ballbesitzspiel.*

Die Frage für den Fußballliebhaber war nun in diesem Viertelfinale, welche grundsätzliche Spielanlage sich durchsetzt. Spannend!

Und dann kam alles anders ...

## DIE SPIELENTSCHEIDENDE SZENE

Das Spiel stand auf Messers Schneide. Beide Spielanlagen neutralisierten sich. Real wehrte sich gegen die einschnürenden Ballstafetten der Bayern. Und der FC Bayern versuchte, die gefährlichen Nadelstiche Reals zu unterbinden. Es stand 1:1 unentschieden, die zweite Halbzeit hatte begonnen.

Bayern zog sein Positionsspiel auf, Real verteidigte und lauerte auf Fehler. Dann eine typische Kontersituation: Im Vorwärtsgang verliert einer der offensiven Bayern in der 60. Minute den Ball. Real schaltet sofort um und spielt einen Vertikalpass in die Spitze auf den immer lauernden und pfeilschnellen Superstar Cristiano Ronaldo. Bayerns absichernder Innenverteidiger Javier Martinez kommt einen Schritt zu spät, Ronaldo ist fast schon an ihm vorbei, da stellt Martinez seinen Körper in den Laufweg des Angreifers und bringt ihn absichtlich zu Fall – ein taktisches Foul. Der Schiedsrichter pfeift. Freistoß.

Damit hat die unfaire Aktion von Martinez einerseits Erfolg gehabt, denn der brandgefährliche Konter Reals wurde unterbunden. Andererseits ist es damit nicht getan. Der Schiedsrichter greift zur Tasche und zückt die Gelbe Karte. So sind nun mal die Regeln.

Doch das ist noch nicht alles. Weil Martinez schon in der ersten Hälfte nach einem Foul an Ronaldo die Gelbe Karte gesehen hatte, zeigt ihm der Schiedsrichter nun auch noch die Rote Karte. Gelb-Rot. Platzverweis.

Und das ändert alles. Nach diesem Platzverweis vollzieht sich eine völlige Wandlung des Spiels. Ich schaue staunend zu, wie Real Madrid genau ab dem Moment, in dem der Schiedsrichter nach dem Abgang Martinez' das Spiel wieder freigibt, seine Spielstrategie komplett ändert. Ich bemerke keine Anweisungen des Trainers Zinedine Zidane. Es scheint für die Weltklasse-Spieler von Real völlig selbstverständlich zu sein, dass sich mit diesem Platzverweis die Balance des Spiels geändert hat.

Denn nun war es für die Bayern unmöglich geworden, in irgendeinem Raum auf dem Feld Überzahl herzustellen. Stattdessen galt das nun für die Madrilenen: Real spielte plötzlich auf Dominanz, Ballbesitzspiel, Raumbeherrschung. Sie drückten die Bayern in deren Hälfte und kreierten Torchancen beinahe im Minutentakt. Bayern hatte keine Schnitte mehr, verteidigte sich mit Müh und Not und Mann und Maus, wurde immer müder und verlor das Spiel am Ende glasklar, und das vor heimischem Publikum.

Für mich war dieses Spiel ein Paradebeispiel dafür, wie die Passung der Spieler zueinander in Summe ein Ergebnis hervorbringt. Einzelne Spieler können ein Spiel nicht gewinnen. Selbst die besten Mannschaften der Welt verlieren dramatisch an Kraft, Balance und Leistungsfähigkeit, wenn auch nur ein einziger Spieler des Feldes verwiesen wird. Und dabei ist es völlig egal, wen es trifft. Meistens resultiert aus dem Platzverweis eine Niederlage. Und je früher im Spiel das passiert, desto sicherer ist das Spiel verloren. (Mit der interessanten Ausnahme, dass laut einer wissenschaftlichen Studie bei Auswärtsteams, die den Platzverweis erst kurz vor Schluss kassieren, der Jetzt-erst-recht-Effekt den Nachteil der Unterzahl überkompensiert.)

Mit anderen Worten: Jeder Einzelne ist so wichtig für das Ganze, dass er nahezu unverzichtbar ist für den Erfolg.

Dass die Leistung der Mannschaft nicht gleich der Summe der einzelnen Aktivitäten ist, das ist fast schon trivial. Aber wichtig! Denn daraus folgt, dass Sie genau dann die Leistung des Einzelnen anschauen und bewerten, wenn Sie möchten, dass der Einzelne besser wird und sich weiterentwickelt. Dass Sie aber genau dann NICHT die Leistung des Einzelnen anschauen, wenn Sie wollen, dass sich der Gesamterfolg verbessert!

Und was tun die meisten Führungskräfte in Wirtschaftsunternehmen? Sie wollen, dass sich der *Gesamterfolg* verbessert, aber dennoch messen, bewerten und belohnen sie den Erfolg des *Einzelnen*, indem sie nämlich ein individuelles Anreizsystem bauen, mit Jahreszielen, aufwändigen Performance reviews, Boni und allem Drum und Dran. Wenn der Bankberater so und so viel neue Kunden anwirbt, die und die Rendite aus den Kunden herausholt, die und die Anzahl fauler Kredite eliminiert und so weiter, dann bekommt er den und den Bonus am Jahresende. Von dieser Denkweise gibt es viele Spielarten in allen Arten von Organisationen.

Wenn Sie das Gleichnis vom Champions-League-Viertelfinale 2017 verstanden haben, dann werden Sie mir zustimmen, dass solche Anreizsysteme ein großer Fehler sind, denn sie lassen den eigentlichen Erfolgsfaktor, die Passung aller Spieler der Mannschaft und das Phänomen der Emergenz von Ergebnissen aus dieser Passung, völlig außer Acht.

Ja, Sie können individuelle Leistungen anhand von Parametern messen: Geschossene Tore, gelaufene Kilometer, gewonnene Zweikämpfe. Das ist das Gleiche wie der Jahresleistungsnachweis des Bankberaters. Aber die Qualität eines Fußballspiels und der Erfolg einer Mannschaft erschließt sich nicht aus den gelaufenen Kilometern der einzelnen Spieler. Und die Bank muss sich vielleicht trotzdem vom Staat retten lassen, obwohl alle Bankberater seit Jahren ihren Leistungsbonus einstreichen. Oder vielleicht gerade deswegen.

## JEDER DEN GLEICHEN ANTEIL

Wenn Sie nun einwenden, dass im Fußball die Einzelspieler ja doch anhand von immensen Unterschieden bei Transfersummen und Spielergehältern unterschiedlich bewertet und bezahlt werden, dann treffen Sie mit diesem Argument haarscharf daneben. Diese Summen sind nämlich nicht allein Ausdruck individueller Fußballklasse, sondern entstehen am Transfermarkt. So wurde der Brasilianer Neymar 2017 unter großem Getöse und internationaler moralischer Empörung vom FC Barcelona abgeworben und für die höchste jemals bezahlte Ablösesumme von 222 Millionen Euro nach Paris transferiert. Der Betrag war schlicht deshalb so hoch, weil der abgebende Verein nicht bereit war, den Spieler für weniger zu verkaufen und weil der aufnehmende Verein doch glatt bereit war, diese Summe auch zu zahlen. Und wenn Sie daraus folgern, dass Neymar der beste Spieler der Welt ist, dann ist dieser Schluss nicht schlüssig. Der Argentinier Messi beispielsweise wurde noch nie transferiert und darum wurde für ihn noch nie eine Transfersumme fällig, darum fehlt er in der Liste der teuersten Spieler, obwohl er vermutlich in mancher Hinsicht der Beste ist. Und beide, Neymar wie Messi, sind nie alleine herausragend, sondern immer nur im Kontext einer *passenden* Mannschaft.

Die Summe von 222 Millionen Euro hat also mehr mit dem ökonomischen Wert des Spielers für den Verein Paris Saint-Germain zu tun bzw. für dessen Eigentümer *Qatar Sports Investments*. Neymar wird hier als transferierbares Wirtschaftsgut bewertet, nicht als Fußballspieler. (Und ganz sicher bin ich mir, dass die Scheichs aus Qatar eine genaue Vorstellung haben, wie sie die investierte Viertelmilliarde wieder refinanzieren.)

Auf dem Fußballplatz aber gilt, dass niemand, der etwas von der Sache versteht, nach einem Mannschaftserfolg seriös beziffern kann, welcher der Spieler welchen Prozentanteil am Sieg hatte.

Darum ist es das Normalste und Fairste von der Welt, wenn nach dem erfolgreichen Beutezug die Beute geteilt wird. Wenn schon Prämie, dann zu gleichen Teilen. Jeder die gleiche Summe.

So war es auch bei der deutschen Fußballnationalmannschaft, die 2014 gemeinsam Weltmeister wurde. Alle Spieler, auch die drei, die nicht eingesetzt wurden, bekamen die gleiche Prämie.

Moderne Trainer betonen ständig, dass auch die Spieler im Kader, die nicht spielen, extrem wichtig für das Gesamtgefüge sind. Sogar die Spieler, die gerade im Krankenhaus sind oder nur auf der Tribüne sitzen. Sie wissen, warum.

Machen Sie's in Ihrem Feld genauso: Verzichten Sie in der Gruppe, für die Sie Verantwortung tragen, möglichst auf alle Bewertungen, die Einzelleistung vor Teamleistung setzen. Streichen Sie die individuellen Anreize!

Der vierte Gedanke in einem Satz:

# DIE FRÜCHTE DER ARBEIT VERDIENEN ALLE BETEILIGTEN GLEICHERMAßEN.

# FÜNFTER GEDANKE:
## AUS PRINZIP

Gut, was haben wir denn bis jetzt? Wenn es keine internen Referenzen gibt, also keinen Chef, der vorgibt, was zu tun ist, und es außerdem auch keine oder nur ganz wenige Regeln, Prozessvorschriften, Checklisten und Zielvorgaben gibt, die in Abwesenheit des Chefs an seiner Stelle vorgeben, was zu tun ist, dann kümmert sich die Mannschaft (nicht der Einzelne, der ohnehin nicht zuständig ist, weil er ja kein Amt hat) irgendwie und perfekt koordiniert um die echten Probleme, nämlich die des Kunden, und alle tun wie von Zauberhand geführt genau das Richtige, und das völlig ohne individuelle Anreize.

Glauben Sie das? – Ähem. Ich auch nicht.

Da fehlen nämlich noch drei entscheidende Zutaten, sozusagen das Salz, die Butter und das Geheimnis des Kochs.

## SAGEN SIE EINFACH, WAS SIE WOLLEN!

Fangen wir mit dem Geheimnis des Kochs an: Eine Organisation ohne Prinzipien ist wie ein Staat ohne Verfassung. Und so etwas können wir, zumal im 21. Jahrhundert, natürlich nun wirklich nicht gebrauchen.

Die Artikel einer Verfassung sind nichts anderes als die formulierten Prinzipien eines Staates. Diese Grundprinzipien sind absolut konstituierend: Sie bestimmen, wie es in einem Staat zugeht, ob sich die Leute den Kopf einschlagen, ob sie sich gegenseitig unterdrücken, ob sie fair miteinander umgehen, ob sie sich gegenseitig helfen – eben wie die Menschen sich ganz generell verhalten. Aber nicht, indem sie den

Menschen vorschreiben, was sie tun sollen, sondern indem diese Prinzipien einen Rahmen aufspannen, innerhalb dessen Freiheit herrscht.

Also so ein Prinzip wie die Meinungsfreiheit zum Beispiel. Wenn es das gibt, dann können Sie innerhalb des Geltungsbereichs des Prinzips sagen was Sie wollen, solange Sie keine anderen Prinzipien dabei verletzen. Und dann kann der Staat eben nicht einfach den Anbieter eines sozialen Netzwerks im Internet mit Strafandrohungen dazu bewegen, Ihre dem Staat missfallenden Meinungsäußerungen in diesem Netzwerk zu löschen.

Oder das Prinzip der Gewaltenteilung – dann kann die Kanzlerin als oberste Repräsentantin der Exekutive eben nicht einen Kabarettisten öffentlich vorverurteilen, dessen Schmähgedicht ihr nicht gefällt, sondern die rechtliche Beurteilung obliegt alleine der Judikative.

Die Prinzipien sorgen für Klarheit und Ordnung, ohne jeden Einzelfall zu regeln – was ohnehin nie möglich wäre. Der moderne Verfassungsstaat ist den absolutistischen Königreichen von früher haushoch überlegen. Der König oder Kaiser hatte früher am Montag schlechte Laune, weshalb ein paar Tausend Menschen sterben mussten, am Mittwoch hatte er wieder gute Laune, weshalb ein paar Hundert Häftlinge amnestiert wurden. Und keiner wusste, was am Sonntag kommt. Vielleicht der Atomausstieg. Alles wurde mit Dekreten und Verordnungen und mit lauter unzusammenhängenden Einzelfallentscheidungen geregelt. Wechselte der Herrscher, dann wechselte im Zweifelsfall auch die komplette Lebenssituation der Untertanen.

Gott sei Dank sind wir da heute weiter.

## IM DICKICHT

Außer ... außer es werden eben doch Meinungen trickreich zensiert oder Kabarettisten vorverurteilt. Wie das? Nun, das kann passieren, wenn das Land im Laufe der Jahre so dermaßen mit einer Flut von Einzelfällen-und-partikularen-Interessen-regelnden-Gesetzen zugemüllt wurde, dass dahinter die Verfassungsprinzipien nicht mehr deutlich erkennbar sind.

In Deutschland gibt es ein Grundgesetz mit 146 prinzipiellen Grundsatzartikeln. Und es gibt um die zweitausend Gesetze mit etwa dreieinhalbtausend Verordnungen mit ungefähr achtzigtausend Artikeln und Paragraphen. Circa ein Drittel davon beruht auf europäischem Recht, das aus über dreißigtausend Rechtsakten besteht, wovon alleine achteinhalbtausend Verordnungen sind. Sie merken es selbst, oder?

Dem entspricht aus meiner Erfahrung in etwa der Zustand großer Konzerne: Eine Flut von Regeln, Vorgaben, Prozessvorschriften und Anweisungen der Chefs aller Ebenen regelt schlicht alles. Zum einen ist das Arbeiten in solchen Regeldickichten grau und trist. Und sowohl aus wissenschaftlichen Untersuchungen als auch durch Anwendung des Hausverstands (wie es in Österreich so schön heißt) wissen wir zum anderen sehr genau, dass Überregulierung immer dazu führt, dass Regeln unterlaufen werden.

Mit anderen Worten: Überregulierung erzeugt eine Situation, in der Formen von Kriminalität gedeihen. Beispiele: Bandenkriege bei übertriebener Alkoholprohibition, Drogenkartelle bei übertriebener Kriminalisierung von Drogenbesitz, Schwarzarbeit bei überzogenen Steuern, Dieselskandal bei überzogenen Grenzwerten. Womit ich die Kriminellen in diesen Szenarien ausdrücklich nicht entschuldige oder in Schutz nehme! Aber eben die übermotivierten Regulierer auch nicht.

In diesen Katalog des Regelbruchs gehört übrigens auch die Zufriedenstellung des Kunden trotz Planzielen, Leistungsprozessbeschreibung und Arbeitszeitregelung. Wenn auf diese Weise Regeln unterlaufen werden, weil alle eigentlich ja einen zufriedenen Kunden wollen, nenne ich das *Agieren auf der Hinterbühne* – und das ist für das Überleben der meisten Großunternehmen und Konzerne heute ausschlaggebend: Auf der Hinterbühne werden die wichtigen Probleme der Organisation gelöst. An vielen Regelungen und Vorgaben vorbei. Und wesentlich schneller und flexibler als auf der Vorderbühne.

Aber drehen wir das doch einfach mal um: Was passiert eigentlich genau, wenn in einer Organisation – sei es eine Familie, ein Verein, ein Unternehmen oder ein Staat – der umgekehrte Weg eingeschlagen wird? Also de-reguliert wird?

## VIEL, VIEL GELD

Ich erinnere mich noch dunkel an ein Ereignis im Zuge der Deregulierung des deutschen Mobilfunkmarktes: Im Sommer des Jahres 2000 versteigerte die damalige Regulierungsbehörde für Telekommunikation und Post zwölf Frequenzblöcke für den Mobilfunk an private Unternehmen. Die Älteren unter Ihnen erinnern sich, Stichwort: *UMTS-Auktion.*

Noch zehn Jahre zuvor war der Mobilfunk fest in der Hand des Staates gewesen, die Deutsche Bundespost betrieb behördlich das B- und das C-Netz. Ein paar hunderttausend Kunden (mehr schaffte das Netz nicht) konnten mit sehr teuren, dafür koffergroßen analogen Geräten mobil telefonieren. Allerdings konnte jeder, der wollte, die Gespräche per Funkempfänger mithören, und sobald man den 27-km-Radius einer zur Frequenz gehörigen Festnetzstation verließ, wurde das Gespräch unterbrochen und man musste neu wählen.

Aber nun gab der Staat das Geschäft mit dem Mobilfunk endgültig auf: Die (überwiegend) privatwirtschaftlichen Unternehmen Vodafone, E-plus, O2 und T-Mobile kauften dem deutschen Staat für insgesamt knapp 51 Milliarden Euro das Recht ab, bestimmte Funkfrequenzbänder für den Mobilfunk zu nutzen. Es gab keine Behörde, die ihnen die Geschäftspolitik diktierte. Sie konnten mit den Frequenzen innerhalb der Schranken von Recht und Gesetz machen, was sie wollten.

Damals habe ich überhaupt nicht verstanden, warum diese Unternehmen soooo viel Geld dafür ausgaben. Während der Auktion schossen die Preise geradezu durch die Decke. Die staunende Öffentlichkeit verfolgte live, wie immer höhere Mondpreise aufgerufen wurden. Manch einer argwöhnte, dass die allesamt pleite gehen würden, weil der Markt für Mobilfunk ja viel kleiner war als diese Summen.

Ich habe damals einfach die Dimension des Effekts der Deregulierung nicht begriffen. Ich dachte etwa: Mensch, da ist doch schon die Telekom. Die sind doch schon Versorger für Mobilfunk. Das gibt es doch schon. Warum denn jetzt zusätzliche Anbieter? Mehr als telefonieren kann man doch nicht.

Doch, kann man.

Der relativ freie Wettbewerb unter den vier Mobilfunkanbietern sorgte dafür, dass die Technologie eine ganze Reihe von Sprüngen machte, so etwa vom Trabbi-Telefon zum Tesla-Telefon. Von der planwirtschaftlichen Kombinat-Technologie in die digitale Moderne mit Silicon-Valley-Atmosphäre. Und obwohl die Leistungsmerkmale für die Kunden dramatisch stiegen – Netzabdeckung, Bandbreite, Sprachqualität, Roaming, Zusatzfunktionen, Internet –, fielen die Gebühren immer weiter.

Die Unternehmen mussten sich die horrenden Investitionen in die Lizenzen durch immer bessere Leistungen für die Kunden zurückholen, wobei sie sich ständig gegenseitig überboten. Mir war einfach nicht klar gewesen, wie dramatisch der technische Rückstand des Telekommunikationsversorgers *Deutsche Bundespost* gegenüber den Möglichkeiten der privatwirtschaftlichen Wettbewerbslandschaft war. Und dass man den aufholen konnte, indem der Staat einfach die Regulierung zurückfuhr und die Unternehmen ihr Ding machen ließ.

# JÄTEN!

Ja, ganz viele regen sich über die Mobilfunkanbieter auf: Die Gebühren sind teilweise arg undurchsichtig! Es gibt so viele Tarife! Und die Vertragsbindung! Und das Kleingedruckte!

Aber wie war das vorher, vor der Deregulierung? Die Kosten waren alle in den staatlichen Ausgaben für das konkurrenzlose und darum teure Monopol versteckt. Da hätte ich ja eine Eingabe in den Bundestag machen müssen, um herauszufinden, was die Telekommunikation in Summe wirklich kostet! Natürlich war diese Summe in den Steuergeldern versteckt.

Also: Der neue Wettbewerb hat plötzlich den Markt sehr transparent gemacht, auch wenn das gerne noch viel besser werden darf.

Und es gab eigentlich keine Verlierer bei der Deregulierung, sondern nur Gewinner: Die Kunden profitierten von den drastisch steigenden Leistungen bei immer weiter fallenden Preisen, aber der Markt insgesamt wuchs so stark, dass auch das Geschäft der Anbieter immer größer wurde. Der ganze Kuchen Mobilfunk wurde in nur wenigen Jahren dramatisch größer. Ein sehr gutes Geschäft für alle und ein enormer volkswirtschaftlicher Nutzen. In Summe erhöhte sich dadurch der Wohlstand aller.

Interessanterweise laufen wir gerade Gefahr, dass die Telekom ihr Monopol zurückbekommt – nicht im Mobilfunkbereich, aber beim Internetanschluss: Es geht um die letzte Meile der Leitungen vor dem Hausanschluss. Die Bundesregierung hat ein Gesetz erlassen, nach dem immer diejenige Firma, die derzeit die Mehrheit an den Verteilerpunkten in einer Region hat, das exklusive Nutzungsrecht bekommt. Und das ist zu 90 Prozent noch immer die Telekom, die bis heute erfolgreich die Pfründe verteidigt hat, die sie aus der Zeit des staatlichen Monopols geerbt hatte. Und wenn auf der letzten Meile der Wettbewerb ausgeschaltet wird, dann wird die Telekom unweigerlich die Monopolvorteile nutzen: Die Innovation wird erlahmen und die Preise für die Kunden werden steigen. Das wäre ein Rückfall in düstere planwirtschaftliche Zeiten …

Die Freiheit muss also immer wieder neu erkämpft werden. Denn Regulierungen wuchern immer wie Unkraut. Man muss immer wieder rupfen, sonst wächst alles zu.

# KÄFIGHALTUNG

Auch in Unternehmen wuchern die Regeln mit erstaunlicher Vitalität. Und zwar aus der Wurzel der Empörung. Sie kennen das: Etwas läuft schief, es gibt eine Ausnahme von der Regel, einen Missstand. Was tun Sie? Zuerst regen Sie sich auf und dann rufen Sie nach einer Regel, um den Missstand ein für allemal aus der Welt zu schaffen. Und schon wuchert das Unkraut wieder weiter!

Was Sie darum in Ihrer Organisation brauchen: einen wachen Widerstand gegen das Unkraut der Regulierung. Wenn ohne Reisekostenregelung ein Mitarbeiter für eine Dienstreise 1. Klasse fliegt, dann müssen Sie das aushalten. Anstatt eine Regel zu erlassen, die Reisen mit 1. Klasse untersagt und 2. Klasse zwingend vorschreibt, sollten Sie besser den Einzelfall diskutieren und daraus lernen. Und dabei Ihr gültiges Prinzip erkennen.

Z.B.: ›Wir reisen wirtschaftlich.‹

Das ist ein Prinzip. Das erkennen Sie daran, dass ein Endzustand beschrieben wird, nicht die Durchführung. Ob einer 1. oder 2. Klasse fliegt, ist damit nicht bestimmt. Und ob das Hotel 220 Euro oder 80 Euro kostet, auch nicht.

Der Punkt ist, dass es ja wirklich Umstände gibt, unter denen der 1.-Klasse-Flug und das 220-Euro-Zimmer wirtschaftlicher sind als der 2.-Klasse-Flug und das 80-Euro-Zimmer. Viel Fantasie brauchen Sie dafür gar nicht.

Übrigens sind Sätze wie »Wir sind ehrlich zueinander« oder »Wir bieten dem Kunden beste Leistung« KEINE Prinzipien. Lassen Sie sich solche Banalitäten nicht als solche verkaufen! Echte Prinzipien schließen immer etwas aus, und zwar etwas, das ebenfalls plausibel und denkbar wäre. Erst daraus erwächst der orientierende Charakter von Prinzipien. Was soll »Wir tun Gutes« bitte ausschließen? Dass Sie Böses tun? Kommen Sie! Das ist Unfug. Wenn Sie sich ohnehin nicht streiten müssen, wo Norden ist, weil es jedem klar ist, dann brauchen Sie auch keinen Kompass. Menschen brauchen weder einen völlig überregulierten Alltag noch Scheinprinzipien.

Zudem ist es hochgradig attraktiv für viele Menschen (vielleicht nicht alle …), in vorschriftsarmen und dafür prinzipienbasierten Umfeldern zu arbeiten. Die Lebensentwürfe der Menschen werden immer unterschiedlicher und individueller. Die individuellen Eigenheiten der Menschen drängen immer stärker zur Verwirklichung in ihrem Leben. Seit Jahrhunderten bewegen sich die westlichen Gesellschaften auf einem Pfad der immer weiter zunehmenden Individualisierung und Bildung immer differenzierterer Subgruppen. Da wird das Ein- und Unterordnen von Mitarbeitern, Mitgliedern oder Bürgern in strenge Raster verdammt schwierig und immer schwieriger. Umgekehrt wird es viel einfacher, junge, individualistische Mitglieder für eine Organisation zu gewinnen, wenn diese Raster aufgeweicht bzw. ausgedünnt werden.

Und für Gesellschaften, die wirksame Freiheitsprinzipien anbieten, ist es schon jetzt wesentlich leichter, gut ausgebildete, motivierte, junge und mobile Menschen einzubürgern, während Gesellschaften, die überreguliert, planwirtschaftlich organisiert und von Management-Sklerose versteift sind, ihre besten Leistungsträger nach und nach verlieren. Ohne Zweifel.

Es ist ein bisschen wie Käfighaltung versus Freilandhaltung. Die Eier werden mit zunehmender Freiheit einfach besser. Und die Hühner glücklicher. Und wenn Sie ein Huhn sind, das wählen darf, weil kein Zaun und keine Mauer Sie zurückhält …

# PRINZIPIEN LOCKEN DEN ERFOLG AN, WÄHREND REGELN DEN MISSERFOLG RECHTFERTIGEN.

# SECHSTER GEDANKE:
## VOLKSWISSEN

Apropos Freiheitsrechte … ja, das alles hat viel mit Freiheit zu tun. Nicht nur in dem banalen Sinne, dass Menschen in einer Situation, in der ihnen niemand sagt, was sie tun sollen, natürlich freier sind als in einer Situation, in der sie die Anordnungen einer mächtigeren, zur Bestrafung befähigten Instanz zu befolgen haben. Sondern in dem umfassenden Sinne, dass Menschen erfolgreicher zusammenarbeiten, wenn sie über eine ganze Reihe von Rechten und Freiheiten verfügen.

Dazu könnten wir den ganzen Katalog der in der Erklärung der Menschenrechte oder im Grundgesetz verbrieften Freiheitsrechte durchgehen.

## VERTRAUT UNS!

Und wir träfen da zum Beispiel die Meinungsfreiheit wieder: Natürlich ist ein Team, in dem jeder einfach sagen kann, was er denkt und nicht jedes Wort auf die Goldwaage gelegt werden muss, schneller, innovativer, kreativer, leistungsfähiger. Wenn alles ausgesprochen werden kann, dann werden einfach in ganz bestimmter Hinsicht bessere Entscheidungen getroffen. Das liegt auf der Hand: Denn eine Entscheidung unter Meinungsfreiheit kann sich voll und ganz auf das eigentliche Problem beziehen und muss nicht den Mächtigen in den Kram passen.

Aber was dabei oft vergessen wird: Sie können natürlich nur dann gute Entscheidungen treffen, wenn Sie alle dafür relevanten Informationen besitzen. Die bei den Freiheitsrechten oft vergessene oder bisweilen gering geschätzte Perle ist nämlich die Informationsfreiheit. Im Grundgesetz ist sie mit der Meinungsfreiheit zu einem Artikel verschmolzen, was die gegenseitige Abhängigkeit der beiden Freiheiten sehr schön verdeutlicht: Meinungsfreiheit und Informationsfreiheit sind zwei Seiten ein und derselben Medaille.

Artikel 5, Satz 1 des Grundgesetzes lautet:
*Jeder hat das Recht, seine Meinung in Wort, Schrift und Bild frei zu äußern und zu verbreiten und sich aus allgemein zugänglichen Quellen ungehindert zu unterrichten. Die Pressefreiheit und die Freiheit der Berichterstattung durch Rundfunk und Film werden gewährleistet. Eine Zensur findet nicht statt.*

Das Problem dabei ist, dass diese Freiheiten einerseits objektive Zustände sind, andererseits subjektive Gefühle: Entweder einer darf alles sagen und alles wissen oder nicht. Das ist die objektive Sicht auf diese Freiheit. Aber vom Individuum aus betrachtet sieht es anders aus: Wenn einer sagt, was er denkt und merkt, dass er das, was er denkt, frei sagen darf, dann weiß er noch lange nicht, ob ihm nicht doch der Mund verboten würde, wenn er eine andere Meinung hätte. Vielleicht liegt seine Meinung ja nur innerhalb der von den Mächtigen vorgegebenen Linie. Und wenn einer glaubt, alles zu wissen, dann kann er nicht wissen, ob er alles weiß. Eher schon hat er mehr so ein Gefühl, alles Notwendige zu wissen.

Das verführt Mächtige regelmäßig dazu, Menschen glauben zu lassen, sie wüssten alles, während nicht nur Informationen geheim gehalten werden, sondern auch die Tatsache, DASS Informationen geheim gehalten werden, geheim gehalten wird. Die Zensur ist dann nicht offensichtlich. Es wird einfach so getan, als hätten die Menschen freien Zugang zu allen Informationen, während ein gewisser Teil der Informationen schlicht nirgends auffindbar ist. Insofern ist Transparenz mehr so ein subjektives Gefühl. Ein Ausdruck von Vertrauen, informiert zu sein. Der Begriff Transparenz, der für den Informationsfluss in Organisationen so häufig gebraucht wird, vermittelt aber Objektivität. Das finde ich irreführend, darum verwende ich das Wort Transparenz nur ungern. Oder ich sage provozierend: *Transparenz ist ein Gefühl.*

## DIE MACHT DER MACHTLOSIGKEIT

Entscheidend dafür, ob eine Mannschaft nun gute Entscheidungen trifft und damit erfolgreich ist, ist jedoch nicht der Glaube oder das Vertrauen, gut informiert zu sein, sondern der tatsächliche freie und schnelle Zugriff auf alle vorhandenen Daten.

Das geht nur, wenn die Daten herrschaftsfrei verwaltet werden, also nicht irgendeinem Mächtigen gehören, der die Daten gönnerhaft und zentral verteilt und zugänglich macht, wenn sie jemand anfordert. Denn die Machtinstanz kann unmöglich wissen, wer wann welche Information benötigt. Nein, die Informationen müssen bereits überall verfügbar sein, noch bevor sie für eine Entscheidung benötigt werden.

Das Internet ist so ein riesiger Haufen von frei verfügbaren, niemandem gehörenden Informationen, wobei riesig gewaltig untertrieben ist. Mittlerweile ist ja fast jeder Mensch in unserer Gesellschaft mit dem Internet verbunden und kann mit seinem Smartphone jederzeit von (fast) überall her darauf zugreifen. Dem Zustand absoluter Informationsfreiheit kommen wir darum wohl nirgendwo so nahe wie beim Internet.

Dabei sind die sozialen Netzwerke die umfangreichsten, schnellsten und am leichtesten für alle zugänglichen Internet-Anwendungen. Mit anderen Worten: In Facebook und Twitter finden Sie (derzeit noch) tatsächliche und nicht nur gefühlte Informationsfreiheit. (Was übrigens auch erklärt, warum manche Regierungen so große Angst vor den sozialen Medien haben und diese so gerne regulieren und einschränken möchten: Verdeckte Zensur geht beispielsweise mit staatsfinanziertem TV wesentlich leichter als mit dem Internet.)

Wenn aber tatsächliche Informationsfreiheit gewährleistet ist, wenn also alle Informationen für jeden frei und schnell zugänglich sind, dann sind Gruppen von Menschen einfach nur fantastisch …

## LIBERTÉ, ÉGALITÉ, FRATERNITÉ!

Am Abend des 11. April 2017 bestiegen die Spieler, Trainer und Betreuer des BVB Borussia Dortmund ihren Bus, um die 15-minütige Strecke vom Mannschaftshotel L'Arrivé im Dortmunder Stadtteil Höchsten zum Stadion zu fahren. Alle waren konzentriert auf das wichtige Spiel, das sie vor der Brust hatten: Champions-League-Viertelfinale, der AS Monaco war zu Gast. Das Stadion war ausverkauft, die Stadt war voll von auf das Spiel hinfiebernden Fußballfans, sowohl Anhänger des BVB als auch Gäste-Fans aus Monaco.

Der Bus rollte die Zufahrt des Hotels hinunter und bog auf die Wittbräucker Straße ein. Es war 19:15 Uhr. Da knallte es!

Drei Sprengsätze explodierten direkt neben dem Bus in einer Hecke. Die Bomben enthielten Metallstifte, die als Geschosse durch die Luft flogen. Das große Glück für die Spieler und Betreuer sowie für die begleitende Polizeieskorte war, dass der Bombenleger die Sprengsätze so angebracht hatte, dass die meisten Metallstifte über den Bus hinwegfegten. Nur einer durchbohrte die Seitenscheibe und traf den Abwehrspieler Marc Bartra in den Unterarm. Ein Polizist erlitt außerdem ein Knalltrauma. Alle anderen kamen mit dem Schrecken davon. Der allerdings war gewaltig.

Die Nachricht von dem Anschlag verbreitete sich sofort im Netz. Es war völlig unklar, ob es sich um einen Terroranschlag handelte. Nach den Erfahrungen mit islamistischen Terroranschlägen in europäischen

Großstädten wurde sofort ein Großalarm ausgelöst, die gesamte Stadt wurde gesperrt, der Verkehr eingestellt.

Viele Menschen hielten sich in dieser unsicheren Situation per Twitter und Facebook auf dem Laufenden. Und irgendwann wurde klar, dass nicht nur das Spiel abgesagt war, sondern auch die Monaco-Fans an diesem Abend nicht mehr aus Dortmund wegkommen und nach Hause reisen konnten. Die Fans waren gestrandet.

In Twitter und Facebook werden viele Kurznachrichten von den Absendern mit einem Hashtag versehen, also kurze Codes, die mit einem vorangestellten Rautezeichen # gekennzeichnet werden. Nach diesen Hashtags kann das Netzwerk durchsucht werden – so bildet sich eine Art dynamischer Index. Als die ersten Dortmunder Fans auf die Idee kamen, den gestrandeten Gäste-Fans zu helfen, indem sie ihnen privat eine Bleibe anboten, wurden darüber Posts in Facebook und Twitter versendet und dafür zunächst eine Menge unterschiedlicher Hashtags verwendet.

Die Idee fand begeisterte Nachahmer. Immer mehr Posts wurden versendet, in denen berichtet wurde, wie Monaco-Fans beherbergt wurden, zum Teil mit netten Fotos von Freiheit, Gleichheit, Brüderlichkeit und deutsch-französischer Freundschaft am Küchentisch mit Tiefkühlpizza und Bier.

Nach und nach bildete sich ein sozialer Konsens über den zu verwendenden Hashtag heraus: *#bedforawayfans*. Und ab diesem Moment kam so richtig Dynamik in die Sache: Durch *zirkuläre Erregung* (wie der leider zu früh verstorbene Kollege Prof. Peter Kruse das Phänomen bezeichnete) schaukelte sich eine richtige Welle auf: Fans helfen Fans und keiner wird draußen allein in der Nacht gelassen! Diese Sorte Kommunikation war anschlussfähig, etwas, das man gerne teilt. Dabei mitzumachen bot eine hoch emotionale Identifikationsmöglichkeit: Dazugehören wollen! Fankultur leben! Helfen! Gemeinsam gegen den Terror! Eine richtige Kontaktbörse bildete sich und wuchs sehr schnell sehr stark. Wer sucht noch ein Bett? Wer hat noch eins frei?

Wie viele Fans auf diese Weise ein Dach überm Kopf fanden und wie viele Fan-Freundschaften sich in dieser Nacht gebildet hatten, werden wir nie herausfinden. Wie auch? Aber einige tausend waren es auf jeden Fall.

## ORDNUNG AUS DEM CHAOS

Die Spontanaktion *#bedforawayfans* ist ein bemerkenswertes Beispiel für die enorme Leistungsfähigkeit von Menschen, denen keiner sagt, was sie tun sollen: Es gab eine klar definierte Gruppe, es gab ein klar definiertes Problem, es gab freien und allgemeinen Zugang zu einem Informations- und Kommunikationsmedium in Echtzeit. Was es nicht gab: Eine Instanz, die die Aktion anordnete, organisierte, orchestrierte, leitete oder sonst wie zentralisierte. Die Lösung des Problems entstand durch eine nicht vorhersehbare Eigenlogik. Dafür gibt es in der Systemtheorie den Begriff *Autopoiesis*, was aus dem Griechischen übersetzt etwa ›das sich selbst Erschaffende‹ bedeutet.

Die Lösung geschah sozusagen. Und zwar rasend schnell und enorm effektiv. Angenommen, jemand hätte so etwas zentral organisieren wollen, zum Beispiel mit den Instrumenten des klassischen Projektmanagements: Bevor alleine alle Informationen zentral gesammelt worden wären (Wer ist betroffen, wo sind die Betroffenen? Wie viele Betten werden gebraucht? Wer hat freie Betten und wie viele? Wo?), wäre die ganze Sache ja schon Tage vorbei gewesen. Na ja, eher Wochen.

Erstaunlich ist dabei, wie hoch informiert die einzelnen Akteure waren. Und das mussten sie sein, denn sie mussten ja laufend Entscheidungen treffen! So ein Fan, der bei der Aktion mitmachen wollte, wusste ganz genau: Da sind zwei Monegassen an der U-Bahn-Haltestelle Dollersweg. Wenn ich da hingehe und die abhole, dann kommen die zu mir. Und der Kumpel des Fans wusste: Da kommen zwei, einer geht zu ihm und einer zu mir auf die Couch, dann sind alle beide versorgt. Und er hat Pizza und ich habe noch Bier im Kühlschrank. Und die Monaco-Fans wussten: Wenn wir in die U-Bahn Linie U43 steigen und an der Haltestelle Dollersweg warten, dann kommt ein Dortmund-Fan und holt uns ab und wir haben eine Bleibe für die Nacht.

Durch den hohen Grad an Informiertheit wurden enorm viele relevante Entscheidungen getroffen, die in Summe das Problem passgenau lösten.

Das System, das spontan entstand, war dem Problem ebenbürtig: hoch komplex, verflixt schnell, dynamisch und unglaublich leistungsfähig. Es gab keinerlei zentrale Transparenz, wer wo wie was organisierte, aber es gab perfekte lokale Transparenz, wer wo wie was organisierte. Alle relevanten Informationen waren überall verfügbar, wer wollte, hatte Zugang. Es gab keine Zensur. Sondern Offenheit.

# SCHATTENBRETTER

Diese Erkenntnisse lassen sich verallgemeinern und übertragen. Möchten Sie auch in einem Team arbeiten, das ähnlich leistungsfähig, erfindungsreich und zupackend agiert wie die Dortmunder Fans in der Nacht des Anschlags auf den BVB-Bus?

Dann sollten Sie sich nicht darüber unterhalten, wie Sie Informationstransparenz schaffen. Denn das geht die Sache nur von der technischen Seite her an. Der treffendere Ansatz wäre: Wie schaffen Sie Zugriff für alle auf alle vorhandenen Daten? Wie können Sie die existierenden Zugangsbeschränkungen abschaffen? Und diese Zugangsbeschränkungen sind eine Machtfrage.

Ich kenne auch das übliche Gegenargument: Alle Informationen für alle zugänglich machen, das geht aus gesetzlichen Gründen nicht! Datenschutz und so. Denn: Wenn jeder Zugriff hätte, würde das missbraucht werden. Davor müssen wir uns schützen, sagt das

Gesetz. Auch schon aus kartellrechtlichen Gründen! Die Informationen dürfen nicht in die Hände von Wettbewerbern geraten.

Meine Antwort darauf besteht aus zwei Sätzen: Geheimes kommt immer irgendwie raus. Und: Offenheit erzeugt Anstand.

Schon Margarete Steiff, die Gründerin der gleichnamigen Spielwarenfabrik, hatte die Idee des Schattenbretts zur besseren Arbeitsplatzorganisation: Die Handwerker hängen ihr Werkzeug an ein Brett an der Wand und zeichnen die Umrisse der Werkzeuge darauf. So ist jedes Werkzeug immer am gleichen Platz aufgeräumt und griffbereit. Und natürlich offen zugänglich, statt weggeschlossen in der Schublade.

Das Gegenargument war: Moment mal! Wenn wir unsere Werkzeuge offen hinhängen, werden sie doch geklaut! Wir müssen sie doch wegschließen!

Aber das Schöne an dem Schattenbrett ist: Wenn ein Werkzeug fehlt, sieht man es sofort. Jeder kann die Lücke sehen. Jeder Werkzeugdieb wusste dadurch: Wenn ich jetzt das Werkzeug stehle, fällt es sofort auf! Das Resultat: Bei Margarete Steiff und in jeder anderen Werkstatt mit Schattenbrettern wurde und wird deutlich weniger Werkzeug geklaut als anderswo.

Wie gesagt: Offenheit erzeugt Anstand. Was für ein wunderbarer Kollateralnutzen.

Der sechste Gedanke in einem Satz:

# ORGANISATIONEN WERDEN LEISTUNGSFÄHIG UND ANSTÄNDIG, SOBALD WISSEN KEIN MACHTINSTRUMENT IST.

# SIEBTER GEDANKE:
## VORBEREITET

Wenn Sie von oben auf Gruppen von Menschen draufschauen, die wie von Zauberhand geordnet funktionieren, obwohl es keinen Dirigenten, keinen Manager, keinen Chef gibt, dann hat das etwas Magisches.

Ich fühle diese Magie manchmal, wenn ich von meiner Wohnung in der Altstadt Barcelonas morgens in die Gassen hinunterschaue und beobachte, wie die Restaurants mit großen und kleinen Transportern, mit Elektrowägelchen, Fahrrädern, Motorrollern und Sackkarren beliefert werden.

## ¡MÁGICO!

Stellen Sie sich das mal vor: Auf rund 100 Quadratkilometern leben da ungefähr 1,6 Millionen Menschen, außerdem besuchen pro Jahr etwa acht Millionen Touristen die Stadt. Laut den Bewertungsportalen im Internet gibt es in Barcelona etwa 10.000 Restaurants und Bars. Jedes dieser Lokale offeriert Speisen und Getränke, jedes braucht täglich Nachschub an diversen Lebensmitteln, und zwar jedes etwas anderes, jeden Tag verschieden und in unterschiedlichen Mengen.

Jeder Barbesitzer, jeder Chefkoch kümmert sich täglich darum, was er braucht, sucht sich qualitativ und preislich passende Lieferanten, disponiert, bestellt und erwartet vollständige und pünktliche Lieferung. Die Lieferanten geben alle unterschiedliche Angebote ab, machen eigene Preise, erhalten mal mehr, mal weniger Aufträge, organisieren selbstständig den Transport, wobei sie sich an eine ortsübliche Auswahl von Verkehrsregeln halten.

Es gibt keine zentrale Steuerung in diesem System. Und am Ende – Abrakadabra, dreimal schwarzer Kater – sind alle versorgt: Das bestellte Essen wird den Gästen im Lokal als krönender Abschluss eines irrwitzig komplexen Liefergeschehens am Tisch serviert. Ja, mal hat was bei einer Lieferung gefehlt, mal war was zu teuer, es gibt sicher kleine Fehler. Aber im Großen und Ganzen hat am Ende jeder, was er bestellt hat.

Das ist eigentlich vollkommen verrückt, zumindest, wenn Sie durch die im Fach Betriebswirtschaft an den Hochschulen vermittelte Brille der Planung auf dieses System schauen: Wie kann es sein, dass jedes Stück Chorizo, jede Manzanilla-Olive, jede Flasche Txakoli genau zur richtigen Zeit in der richtigen Anzahl am richtigen Ort ist, obwohl das niemand zentral geplant und gesteuert hatte? Die Antwort ist: WEIL das niemand zentral geplant und gesteuert hatte. Weil das nämlich unmöglich ist.

Nun, einverstanden, es wäre nicht prinzipiell unmöglich. Es wäre nur lächerlich leistungsschwach. Und schweineteuer. Sagen wir, ab einer Anzahl von drei oder vier Restaurants nähmen die täglichen Planabweichungen so überhand, dass es nicht mehr beherrschbar wäre. Und bei 10.000? ¡Dios mío!

## DIE UNSICHTBARE HAND

Mit Logistik und insbesondere der Organisation von Logistik beschäftige ich mich schon lange intensiv. Vor knapp zwanzig Jahren übernahm ich an der Leibniz Universität Hannover ein wissenschaftliches Projekt, über das ich dann später auch promovierte. Es ging dabei um die Idee, dass man die enorme Leistungsfähigkeit von Märkten – und um nichts anderes handelt es sich ja bei der Belieferung der Gastronomie Barcelonas –, die komplett ohne zentrale Planung und Steuerung funktionieren, doch irgendwie in die Produktionshallen bringen müsste.

Denn es ist doch reichlich merkwürdig: Während draußen, außerhalb der Unternehmen in der Wirtschaft die schon von Adam Smith im 18. Jahrhundert bewunderte und gleichsam oft gescholtene unsichtbare Hand des Marktes dafür sorgt, dass Passgenauigkeit und lokale Ordnung im wuseligen Chaos der Marktteilnehmer entsteht, versuchen die Unternehmen gleichzeitig innerhalb des Werksgeländes ihr Glück mit zentraler Planung und Steuerung. Alle haben im Geschichtsunterricht aufgepasst und wissen, dass die Zentralplanungswirtschaft der Marktwirtschaft heillos unterlegen ist, aber innerhalb der eigenen Organisation planen und steuern sie, was das Zeug hält. Warum eigentlich?

Nun, damals dachte ich, wir versuchen es einfach mal: Im Prinzip gründet das ganze Marktgeschehen ja auf dem Prinzip der freien Entscheidung (schon wieder Freiheit!). Ein System beginnt genau dann, sich selbst sinn- und zweckvoll zu organisieren, sobald die einzelnen Entitäten Wahlmöglichkeiten haben und selber entscheiden können. Man nennt das Kontingenz. So wie in Barcelona die Baristas, die Spediteure und Lieferanten. Aber in einer Produktionshalle können die Aufträge und Maschinen eben nichts entscheiden. Und weil sie das nicht tun, entscheiden eben andere für sie, darum wird zentral geplant und gesteuert.

Wie aber könnte man wohl die Entitäten entscheidungsfähig machen? Wie also könnte ein Auftrag selber darüber entscheiden, wann und an welcher Maschine er bearbeitet werden möchte? Und wie könnte eine Maschine selber entscheiden, welchen Auftrag sie als Nächstes annimmt?

Wenn ich dieses Problem lösen könnte, dachte ich damals, dann wäre ich in der Lage, alle Vorteile des Marktes – die Geschwindigkeit, die Flexibilität und die Passgenauigkeit – auch in die Produktionshalle zu bringen.

Und ja, ich löste das Problem. Fast!

# ENTSCHEIDET DOCH EINFACH SELBST!

Der Trick bestand darin, jede Entität per Software mit einem gewissen Maß an autonomer Entscheidungsintelligenz auszustatten. Das nennt die IT Agententechnologie – klingt cool, oder? Und ich musste eine Währung einführen. Das wesentliche Kriterium für die Entscheidungen der Entitäten war nämlich der Preis: Jede Entität stellte eine Preis-Leistungs-Rechnung an, das oberste Prinzip jeder Entität war die maximale Wirtschaftlichkeit.

Der Auftrag entschied selbst, an welche Maschine er gehen wollte, aber er musste dafür einen Preis bezahlen, den die Maschine festgesetzt hatte. Und es gab natürlich konkurrierende Aufträge! Die Maschine sagte etwa zum Auftrag: »Klar, du kannst gerne zuerst gedreht werden, dann musst du aber mehr bezahlen.« Und der Auftrag erwiderte: »Nö, das ist mir zu teuer, dann warte ich lieber und komme als Zweiter an die Reihe.«

Ich entwickelte die Entscheidungsalgorithmik und brachte das Ganze im Simulationslabor zum Laufen. Und es funktionierte! Es entstand tatsächlich Ordnung in meiner simulierten Fabrikhalle und das ganz ohne einen Ordner. Allerdings schaffte ich das lediglich mit 10 Maschinen und 50 Aufträgen. Ab dieser Größe war die Rechenkapazität der mir zur Verfügung stehenden Hardware komplett ausgereizt. Wir schrieben das Jahr 1999. Die Berechnung der Entscheidungen mit den zig Rückkopplungen und den virtuellen Verhandlungen zwischen den Entitäten verschlang für damalige Verhältnisse ungeheure Rechenkapazität.

Was ich mit Erstaunen feststellte: Wie umfangreich und bedeutungsvoll die Kommunikation zwischen den Entitäten ist! Oder anders gesagt: Wie viele Lieferanten, Baristas und Spediteure miteinander reden müssen, damit am Ende alles korrekt geliefert ist.

Ich habe den Blick zwischenzeitlich von der Produktionslogistik abgewendet, aber ich bin mir sicher, dass es heute Systeme in der Produktion gibt, die so ähnlich laufen wie das, was ich damals prototypisch entwickelt hatte, und ich glaube, dass die Technologien heute so weit sind, dass auch große Produktionsstandorte auf diese Weise rechenbar geworden sind.

Und außerdem bin ich mir sicher, dass es auch noch viele andere Anwendungen für das dahinterliegende Grundprinzip gibt: Anstatt zentral zu planen und zu steuern, lasst die Entitäten selber entscheiden, und es bildet sich eine enorm leistungsfähige Organisation. Was ich daran faszinierend finde: Man muss ja nur der Grundidee folgen, die da draußen in der Marktwirtschaft ohnehin schon funktioniert. Sobald die Zentrale wegfällt, geschieht es praktisch von selbst.

Na ja, nicht ganz. Genau genommen ist es so, dass Sie, wenn Sie die Planung und Steuerung weglassen, etwas anderes brauchen. Ein Prinzip, das enorm an Bedeutung gewinnt, sobald Sie von Zentralplanungswirtschaft auf Marktwirtschaft umschalten.

Was genau dieses Prinzip ist, das können Sie in Mumbai erleben.

## TIFFIN FÜR TIFFIN

Wer im Zentrum von Mumbai arbeitet und in Vororten wohnt, der lässt sich sein Essen zu Hause von der Ehefrau frisch kochen und von *Dabbawallahs* – das sind sozusagen professionelle Essenszusteller – in einer Metalldose, genannt *Tiffin,* noch warm ins Büro bringen. Die 5000 Dabbawallahs bringen jeden Tag 200.000 Essen an den Mann, holen im Austausch je einen leeren Tiffin ab und bringen den zurück zur Frau, so dass die am nächsten Tag wieder einen Tiffin zum Befüllen hat – macht zusammen 400.000 Transaktionen pro Tag. Das ist ein ganz schön großes Business. Die Dabbawallahs sind keine Angestellten, sondern Selbstständige, sie sind aber alle gemeinsam in einer Genossenschaft, dem *Nutan Mumbai Tiffin Box Suppliers Charity Trust* organisiert.

Das Besondere dabei: Es gibt auch hier, genau wie in meiner prototypischen Fabrik und wie im kulinarischen Stadtzentrum von Barcelona, keine zentrale Planung und Steuerung. Das wäre auch viel zu komplex und vor allem viel zu fehleranfällig!

Die Dabbawallahs sammeln die Tiffins erst mal gebietsweise ein und bringen sie zum Vorortbahnhof. Dort werden sie in große Holzkisten einsortiert: Jeder Tiffin ist mit Zahlen, Farben und Buchstaben nach einem bestimmten System codiert, das sich so im Laufe der Zeit herauskristallisiert hat und selbst für die vielen Analphabeten unter den Dabbawallahs lesbar ist. Dementsprechend fahren die Tiffins mit verschiedenen Zügen an die richtige Stelle in der Innenstadt. Ein ganz klarer Prozess läuft da ab. Aber kein zentral gesteuerter. Die Entscheidungen, welcher Tiffin wohin verladen wird, treffen die Dabbawallahs an Ort und Stelle.

Sie einigen sich auch selbst, wer welches Gebiet übernimmt und wer wann wo in Aktion tritt. An bestimmten geeigneten Punkten in der Stadt, an denen sich die Dabbawallahs miteinander verabredet haben, werden die richtigen Tiffins an die richtigen Leute übergeben, damit sie auf die richtige Route kommen. Und dann geht's weiter mit dem Fahrrad bis ins jeweilige Büro. Die Präzision ist schier unglaublich: Nur einer von sechs Millionen Tiffins kommt nicht pünktlich am genau richtigen Arbeitsplatz an.

Was ist das Geheimnis einer derart hohen logistischen Leistungsfähigkeit? Und das mit einfachsten Mitteln!

Die Antwort: Die Dabbawallahs sind verblüffend gut vorbereitet. Sie haben's einfach drauf: Sie wissen einfach sehr genau, was zu tun ist. Dabei organisieren sie sich in kleinen Gruppen (Mannschaften eben!), und zwar so wie ein Cricket-Team: Da gibt es 15 Spieler, aber nur 11 sind auf dem Feld. Genauso bei den Dabbawallahs: Wenn an einem Übergabepunkt an einer Haltestelle 10 Mann gebraucht werden, dann stehen 12 bereit. Warum? Weil sie so kapazitätsmäßig auf alle Eventualitäten vorbereitet sind. Sie wissen einfach: Mit zwei Mann mehr bewältigen wir auch eine Routenveränderung wegen einer Straßensperre. So kompensieren wir kurzfristige Ausfälle durch Krankheit, kaputte Fahrräder, ausgefallene oder verspätete Züge und andere Überraschungen. Gezielte Redundanz ist ein Aspekt guter Vorbereitung in einem komplexen Umfeld, kein Zweifel.

Die Dabbawallahs suchen sich die Route durch die Stadt selbst aus. Das können sie, weil jeder in seinem kleinen Gebiet jede Gasse kennt – auch das ist ein Aspekt der Vorbereitung.

Sie haben auch ein stabiles und fahrtüchtiges Fahrrad dabei, so dass sie zwei Dutzend volle, heiße Tiffins scheppernd durch die Stadt transportieren können. Und wenn noch ein Fahrrad gebraucht wird oder gar noch zwei zusätzliche Dabbawallahs, dann wissen sie genau, bei wem sie sich per WhatsApp melden müssen. Sie sind einfach gut vorbereitet auf alles, was passieren könnte.

Ja, diese in den Prozess eingebauten Redundanzen, die die hohe Lieferfähigkeit ermöglichen, kosten Geld. Aber das wird bei Weitem durch die hohe Leistungsfähigkeit des Gesamtsystems und die entfallenden Kosten für eine Zentrale ausgeglichen. Nur 10 Euro pro Monat kostet es einen Büroangestellten, sich sechsmal pro Woche beliefern zu lassen. Das ist auch für Mumbai extrem günstig, davon kann man nicht essen gehen in der Innenstadt. Und auch sonst wird niemand ausgebeutet: Dabbawallah ist ein durchaus angesehener und gut bezahlter Beruf.

## WAS NÜTZT DER BESTE PLAN, WENN DIE REALITÄT SICH NICHT DARAN HÄLT?

Die Dabbawallah-Organisation in Mumbai braucht für ihre herausragende Leistung keine Pläne, keine Ziele, kein Performance Management, keine 360-Grad-Feedbacks und auch keine Legobaukästen für Erwachsene – aber dafür eine sehr gute Vorbereitung. Um genau diesen Unterschied zwischen Planung und Vorbereitung geht es mir: Planung ist die gedankliche Vorwegnahme der Zukunft mit dem Ziel, den einen besten Weg zu dieser einen Zukunft zu finden und festzulegen. Vorbereitung dagegen ist das Eingeständnis, dass es viele verschiedene Zukünfte geben kann: Es ist keine Überraschung, dass es viele Überraschungen geben wird. Sich darauf vorbereiten bedeutet: Sich fit machen für viele mögliche verschiedene Realitäten.

Dieser Unterschied ist keine akademische Fingerhakelei, sondern eine andere Herangehensweise. Eine grundsätzlich andere Herangehensweise.

Wie grundsätzlich verschieden der Ansatz ist, wird an den Vorwürfen deutlich, die die Planer den Nichtplanern oftmals machen: Planlosigkeit, das sei doch fahrlässig. Ja, verantwortungslos!

Aber überlegen Sie mal: Ist derjenige, der die hohe Wahrscheinlichkeit von Überraschungen leugnet, nicht viel eher fahrlässig? Und ist er nicht eher sogar verantwortungslos, wenn er alles auf nur eine Zukunftskarte setzt?

Gut, wenn das nun für Sie so klingt, als dass Sie Ihre Planungen samt und sonders über Bord werfen sollten ... nein, das meine ich nun auch wieder nicht!

Denn einerseits gibt es ja tatsächlich viele kluge Sprüche über die Schwächen, ja die Unsinnigkeit von Planung: »Planung macht aus Zufall Irrtum.«, »Planung funktioniert bis zum ersten Feindkontakt.« Et cetera. Und dass Planung gravierende Nachteile hat, haben Sie ja auch schon zu Beginn des Buches im Boxring mit Muhammad Ali erfahren.

Aber andererseits gibt es dennoch keinen Grund, Planung gering zu schätzen. Es ist nämlich so: Es gibt in jeder Zukunft einen bekannten Teil und einen unbekannten Teil. Für den bekannten können Sie planen, für den unbekannten müssen Sie sich gut vorbereiten. Die Klugheit besteht darin, das eine vom anderen zu unterscheiden.

Nehmen Sie eine Bergtour: Der Berg und die Wanderwege sind weitgehend bekannt. Also können Sie die Tour planen. Nein, Sie müssen sie sogar planen, denn wenn Sie einfach drauflos laufen, könnten

Sie die Strecken unterschätzen und von der Dunkelheit überrascht werden. Das Wetter allerdings ist nicht komplett vorhersagbar, das kann plötzlich umschlagen. Oder Ihr Wanderfreund knickt um, weil er einen Adler beobachtet und darüber eine Wurzel übersieht – mit einem Bänderriss am Knöchel kann er nur noch humpeln und schafft mit Ihnen den Abstieg bis zur Abenddämmerung nicht mehr. Da hilft kein Plan. Darauf müssen Sie gut vorbereitet sein. Zum Beispiel sollten Sie neben einer guten Ausrüstung genau wissen, wo es Schutzhütten gibt – auch wenn Sie sie in den meisten Fällen nicht brauchen werden.

Auf keines von beiden können Sie verzichten, weder auf die Planung, noch auf die Vorbereitung. Denn im Gebirge stirbt man schnell. Rettung ist nicht einfach. Das Risiko ist hoch.

Für den bekannten Teil der Zukunft kann es sich lohnen, interne, selbst gewählte Ziele zu formulieren. Für den unbekannten Teil wäre das Wolkenschlösserbauerei. In den meisten Unternehmen aber werden Ziele sowohl für den bekannten Teil der Zukunft als auch für den unbekannten formuliert! Sie brauchen aber keine Ziele in unbekanntem Terrain, denn die leiten Sie höchstwahrscheinlich fehl. Eine Strategie könnte helfen, ja, aber keine Ziele! Denn Ziele sind die zusätzliche Autorität, die Sie fehlleitet, wenn die Realität sich nicht an den Plan hält.

Anstatt also viele Pläne für Unplanbares zu schreiben und sich fleißig untreffbare Ziele auszudenken, sollten Organisationen, die wirklich robust mit allem klarkommen wollen, was so passieren kann, viel mehr in Training investieren, in Können, das vielleicht gar nicht gebraucht wird, in Flexibilität, die nur im Notfall notwendig ist, in Lernen, Üben, Vorausdenken.

Und auf den fälligen Einspruch, dass das ja alles viel Zeit kostet, antworte ich dann: Ja, das ist genau die Zeit, die Sie sonst für Planung und Kontrolle der Planeinhaltung verdaddeln. Die können Sie doch künftig einsetzen, um sich gut vorzubereiten!

Der siebte Gedanke in einem Satz:

# MIT ÜBERRASCHUNGEN KANN NUR UMGEHEN, WER VORBEREITET IST.

# SIEBENEINHALBTER GEDANKE:
## BUCHSTÜTZE II

Während ich die sieben Gedanken für das Manuskript dieses Buches zusammenschrieb, rotierte es in meinem Kopf. Mein letztes Buch *Zurück an die Arbeit!* beschäftigte sich ja intensiv mit dem Arbeitsalltag der Menschen in den Unternehmen, also in der Wirtschaft. Bei meinem vorliegenden Versuch, die Umsetzungsfrage für sich selbst organisierende Teams prinzipiell zu beantworten, wurde mir jedoch sonnenklar, dass der Wirkungskreis dieser Gedanken weit über die Wirtschaft hinaus und tief in die Gesellschaft hinein reicht.

Der Groschen fiel spätestens in dem Moment, als ich erkannte, dass es beim modernen Verfassungsstaat und den individuellen Freiheitsrechten in einer liberalen, aufgeklärten Gesellschaft um nichts anderes geht als um das Kernproblem aller Unternehmen: nämlich um das konstruktive Zusammenwirken von Menschen für einen gemeinsamen Zweck. Ja, natürlich: In wirtschaftlichem Wettbewerb als Unternehmen zu überleben und zu prosperieren ist eine andere Aufgabe als den sozialen Frieden in einer Gesellschaft zu wahren. Dennoch: In beiden Feldern geht es um eine moderne Lösung für das alte Problem des Verhältnisses von Individuum und Kollektiv. Eine Frage, die so alt ist wie die Menschheit.

Eine Frage, die aber heute neu durchdacht und beantwortet werden muss!

Warum? Weil Menschen und Gesellschaft heute anders ticken als im 20. Jahrhundert. Ich sehe in der Wirtschaft deutlich, dass Organisationen, also die von Menschen gebildeten Systeme, heute anders funktionieren. Auch Familien, Vereine, Kirchen, Parteien, Armeen und viele andere gesellschaftliche Systeme funktionieren heute nicht mehr so wie vor hundert Jahren. Jedenfalls dann nicht, wenn sie ihren individuellen, selbst definierten Zweck erfüllen und in Bezug darauf erfolgreich sein wollen.

Um den gedanklichen Kern der Idee zu berühren, könnte ich sagen: Immer mehr Menschen wollen nicht mehr regiert werden. Nicht im Unternehmen und auch sonst nirgends. Offenbar haben das insbesondere viele Regierende und Regierenwollende noch nicht begriffen!

Wenn die Menschen aber nicht mehr regiert werden wollen, nach welchem Modell, nach welchen Prinzipien und mit welchen Mechanismen funktioniert ihr Zusammenwirken denn künftig stattdessen?

## WENN MEIN NEUES BUCH ERSCHEINT ...

Als ich darüber nachdachte, fand ich Antworten. Und weil das alles so weitreichend und so spannend ist, habe ich beschlossen, darüber ein komplettes neues Buch zu schreiben. Ich bin sogar schon mittendrin in der Arbeit an dem Manuskript, während ich diese Zeilen schreibe.

Nun, da Sie dieses kleine Buch bis an diese Stelle hier gelesen haben, gehe ich davon aus, dass Sie sich auch für mein nächstes Buch interessieren werden. Jedenfalls ist die Wahrscheinlichkeit hoch. Und natürlich möchte ich, dass Sie sofort davon erfahren, sobald es erschienen ist.

Ich biete Ihnen nun an, dass ich Sie am Erscheinungstag daran erinnere. Das Angebot geht so: Ich habe einen siebeneinhalbten Gedanken aufgeschrieben, also ein Zusatzkapitel zu diesem Buch. Dieser siebeneinhalbte Gedanke ist eine zusätzliche Schlussfolgerung aus diesem Buch, und gleichzeitig führt er zum zentralen Gedanken des nächsten Buches. Er steht darum inhaltlich dazwischen.

Dieses Zusatzkapitel bekommen Sie von mir per E-Mail als elektronisches Dokument zugeschickt. Das geht natürlich nur, wenn Sie mir Ihre E-Mail-Adresse geben.

Diese E-Mail-Adresse werde ich anschließend noch genau ein weiteres Mal nutzen, nämlich indem ich Ihnen eine E-Mail schicke, sobald das neue Buch erschienen ist. Danach werfe ich die komplette Liste weg, werde Ihre E-Mail-Adresse also für nichts anderes nutzen. Es geht sozusagen um eine Gedankenstütze für das nächste Buch, also um eine Art Buchstütze.

Das ist der Deal: Zusatzkapitel gegen E-Mail-Adresse gegen Buchstütze.

Und was ist der Zweck der ganzen Operation? Ganz einfach, da brauche ich Ihnen kein Theater vorspielen: Ich möchte, dass Sie und möglichst viele weitere Menschen von meinem nächsten Buch erfahren, es kaufen und lesen!

Wenn Sie damit einverstanden sind, geben Sie also bitte den folgende Link in Ihren Browser ein, um zur Download-Seite für den siebeneinhalbten Gedanken zu kommen:

**www.larsvollmer.com/7einhalb**

# EPILOG:
# STAU VOR DER BUCKELPISTE

Nach dem Lesen dieser sieben bis acht Gedanken könnten Sie nun auf den Trichter kommen, dass ich ein glühender Verfechter von sich selbst organisierenden Teams bin. Doch würden Sie mich explizit danach fragen, würde ich antworten: Jein!

Denn ich plädiere nicht grundsätzlich und ausschließlich für nicht-hierarchische, machtfreie, prinzipiengeführte, integrierte, führer- und ämterlose, wissensdemokratische, sich selbst führende Organisationen. Es kommt nämlich immer darauf an, um was es geht:

Am plakativsten kann ich das beschreiben, wenn ich behaupte, Sie seien sicherlich mit mir einer Meinung, dass nicht die Mannschaft des Verkehrsflugzeugs, das mich von Berlin nach Barcelona bringt, jedes Mal aufs Neue Ideen aufspüren solle, wie man möglicherweise das Fluggerät auf seine Flugtauglichkeit prüfen könne. Wie gut, dass es hier eine Checkliste gibt, in der die Erfahrungen von zig Jahrzehnten ziviler Luftfahrt stecken und deren gehorsamstes Abarbeiten zwingende Pflicht einer jeden Crew ist.

Oder stellen Sie sich einen Operationssaal vor: Soll die anwesende Schar von Ärzten beim plötzlichen Herzstillstand erst mal aushandeln, wer die Führung übernimmt?

Menschen, die sich organisieren, ohne dass ihnen jemand sagt, was sie zu tun haben, sind fantastisch, wenn es darum geht, neue Lösungen für neue Probleme zu finden. Also immer dann, wenn noch kein Wissen darüber vorhanden ist, wie die richtige Lösung aussieht, also nicht vorhersehbar ist, wie die Lösung aussieht.

Aber nicht immer finden wir so toll, was dann entsteht …

# EINEN BUCKEL MACHEN

Nehmen Sie einen Stau: Das ist definitiv ein Phänomen der Autopoiesis. Keiner will im Stau stehen, aber alle im Stau Stehenden haben an seiner Existenz mitgewirkt. Von außen betrachtet ergibt sich eine Art Ordnung, die aber keinen Schöpfer hat. Die Ordnung fügt sich selbst.

Wie sich so ein Stau manchmal aus heiterem Himmel aufbaut, ist gut untersucht: Es handelt sich um ein Phänomen bei hohem Verkehrsaufkommen, in dem sich kleinste, auch unbewusste Handlungen der Autofahrer zu wellenartigen Mustern aufschaukeln können. So ein Stau ist dann vergleichbar mit einem Wellenkamm. Nur eben einer, auf dem man nicht surfen kann.

Und manchmal ist das Ergebnis des führerlosen Zusammenwirkens von Menschengruppen gleichzeitig sowohl erwünscht als auch ärgerlich: An manchen Hängen in Skigebieten entsteht bei geeigneten Schneeverhältnissen durch die Schwünge von tausenden von Skifahrern im Laufe eines Tages eine Buckelpiste. Die Skifahrer schieben beim Schwingen einen kleinen Schneehaufen unterhalb und neben ihrer Fahrspur auf. Die nächsten Skifahrer nutzen diesen kleinen Haufen als idealen Startpunkt ihres eigenen Schwungs, wodurch direkt daneben ein weiterer kleiner Haufen aufgeschoben wird. Und so weiter. Auf dem Hang entsteht nach und nach ein Muster, dem aus Bequemlichkeit immer mehr Skifahrer folgen, je deutlicher es wird. Mit jedem Skifahrer wird die Unterlage zwischen den Haufen ein bisschen mehr ausgekratzt und die Haufen etwas vergrößert und durch das Drüberfahren etwas mehr verdichtet, bis richtige Buckel daraus geworden sind.

Nun stehen manche Cracks nachmittags an solchen ausgeprägt verbuckelten Hängen und frohlocken. Andere, nicht so versierte Skifahrer schimpfen, weil Buckelpisten einfach keinen Spaß machen, wenn man das Buckelpistenfahren nicht beherrscht. Meistens ist ihnen aber nicht bewusst, dass sie selbst fleißig am komplexen Entstehen der Buckelpiste mitgewirkt haben.

Sind nun viele Skifahrer unterwegs, weil es ein Ferientag bei schönem Wetter ist, dann bleiben immer mehr nicht so versierte Skifahrer oberhalb der Buckelpiste stehen, fluchen und verstopfen die Einfahrt in den Hang. Es bildet sich ein Stau ...

## ZU EINSEITIG!

Die Effekte in machtbefreiten Organisationen sind in hohem Maße unterschiedlich und unvorhersehbar und nicht immer positiv zu bewerten. Aber wenn die Anforderungen passen, dann überwiegen die Vorteile sich selbst organisierender Mannschaften bei Weitem.

Die Kunst ist nun, sowohl hierarchische als auch nichthierarchische Organisationsformen einzusetzen – und zwar immer passend zu den Voraussetzungen und immer passend zu den zu lösenden Problemen.

Generell können Sie davon ausgehen, dass bei niedriger Dynamik und niedriger Komplexität, also bei wenigen bis keinen Überraschungen eine hierarchische Organisation mit fixen Prozessen leistungsfähiger ist als eine sich selbst organisierende. Das Beispiel dafür ist die zivile Luftfahrt mit ihren tausenden von Checklisten für die weit über 90 Prozent aller Situationen, die vorhersehbar sind.

Sobald sich Dynamik und Komplexität einmischen, wenn also mit Überraschungen zu rechnen ist, bringt eine machtbefreite Organisation ohne Pläne, Checklisten, Prozesse und so weiter – also ohne Management! – eindeutig die besseren Ergebnisse hervor. Das Beispiel dafür ist wiederum die zivile Luftfahrt, wo im Ernstfall, wenn Systeme ausfallen und Unvorhergesehenes passiert, hoffentlich erfahrene Könner im Cockpit und im Tower sitzen, die gemeinsam gute Ideen haben.

Oder, um noch mal meine beiden Lieblingsbeispiele aufzurufen: Einerseits brauchen gute Fußballmannschaften eingespielte, fixe Spielzüge und Laufwege, andererseits auch ein hohes Maß an spontanen, schnellen, kollektiven Lösungen, sobald die Dynamik im Spiel steigt. Einerseits können gute Jazzmusiker alle acht Kirchentonleitern auf allen Stufen rauf und runter spielen. Andererseits kann etwas völlig Neues entstehen, wenn sie anfangen gemeinsam über einer Figur zu improvisieren. – Es braucht eben beides!

Das Problem ist nur: Wir haben uns in Wirtschaft und Gesellschaft im 20. Jahrhundert sehr auf die hierarchische, gemanagte Form der Zusammenarbeit konzentriert. So sehr, dass es für die meisten Menschen völlig selbstverständlich ist, dass eine Fraktion im Bundestag direkt nach der Wahl als allererste Handlung einen Fraktionsvorsitzenden wählt. Zum Beispiel. Dabei ist es sehr fraglich, ob in diesem Reflex tatsächlich die beste aller Möglichkeiten steckt.

## WIR SIND SCHON LÄNGST WEITER

Warum jedoch haben wir uns so einseitig auf hierarchisches Management von Organisationen konzentriert? – Weil das lange Zeit genügt hat. Es war ausreichend, solange die Komplexität des Geschehens so niedrig war, dass die zu lösenden Probleme lediglich kompliziert, aber noch nicht wirklich hoch komplex und dynamisch waren.

Das aber hat sich geändert. Die Evolution der menschlichen Zivilisation hat längst neue Formen der Organisation von Systemen hervorgebracht. Sie sind bereits in Aktion, und zwar überall. Die Protagonisten der alten, formalen, offiziellen Systeme gestehen sich das nur oft noch nicht ein und arbeiten dagegen.

Während sich zum Beispiel in der Gesellschaft zig verschiedene Formen von Arbeitsverhältnissen herausbilden, fördert der Gesetzgeber einseitig das versicherungspflichtige Normarbeitsverhältnis. Haben Sie sich schon mal gefragt, warum das Arbeitsministerium regelmäßig das Anwachsen der Zahl von Norm-Jobs als Erfolg feiert? – Das ist nichts anderes als sich instinktiv gegen Neues zu wehren. Und das ist sogar verständlich, denn das Neue macht möglicherweise gleich das komplette Arbeitsministerium überflüssig.

Aber um an dieser Stelle tiefer einzusteigen, dafür ist dieses Buch nicht der richtige Platz. Ich verspreche, darauf in meinem nächsten Buch zurückzukommen. Hier bleibt mir noch Raum für ein Schlusswort:

# SCHAUEN SIE HIN!

Ich wünsche mir für die Zusammenarbeit von Menschen nichts mehr und nichts weniger als Aufklärung. Lassen Sie sich nicht blenden von den alten Lösungen und von den Vorurteilen, die viele über das Verhalten von Menschen in Organisationen haben. Schauen Sie sich mit eigenen Augen an, wie sehr die alten Lösungen das Zusammenwirken von Menschen vergiften. Vieles von dem, was wir in Organisationen üblicherweise tun, ist Verschwendung. Und wir wissen das, wenn wir die Augen davor nicht verschließen.

Schauen Sie sich in Ihrer direkten Umgebung um! Ich würde mir wünschen, dass dieses Buch für Sie eine Art Brille sein kann, durch die Sie die Dinge anders und klarer sehen können. Schauen Sie genau hin, wo Gruppen von Menschen schon jetzt sich selbst organisieren. Beobachten Sie auch, wo das seine Grenzen hat. Und freuen Sie sich mit mir darüber, wenn Menschen, obwohl ihnen keiner sagt, was zu tun ist, Großartiges schaffen!

Schauen Sie hin!

**Hon.-Prof. Dr.-Ing. Lars Vollmer** gilt als einer der profiliertesten Wirtschafts-Vordenker im deutschsprachigen Raum. Er schaut in seinen Büchern, Auftritten, Kolumnen und Video-Botschaften mit einer ganz eigenen, frischen Perspektive auf Wirtschaft, Unternehmen und Gesellschaft.

Foto: Angela Wulf

»Er nennt beim Namen, was in den meisten Firmen nicht ausgesprochen werden darf, obwohl es gelebt wird«, schrieb die Berliner Morgenpost.

»Der Gründer mit dem besonderen Faible für unternehmerisches Denken.« Handelsblatt

Ihm geht es um das Neue in der Wirtschaft und in der Gesellschaft. Dabei scheut er nicht die geistige Auseinandersetzung: Warum gehören Organigramme in die Schublade? Warum ist starre Planung Selbstbetrug? Warum sind Chefs mit der Führung von Menschen so häufig völlig überfordert? Wieso sollten Mitarbeiter über ihr Gehalt selbst entscheiden? Warum treffen Manager immer häufiger katastrophale Fehlentscheidungen? Wann ist Arbeit echte Arbeit und wann ist sie nur Theater? Und was hilft gegen all das?

Lars Vollmer ist gefragter Redner auf internationalen Kongressen und Unternehmensveranstaltungen. Mit seinem augenöffnenden Buch »Zurück an die Arbeit!« erreichte er die Bestsellerlisten. Er lebt in Barcelona, ist leidenschaftlicher Jazzpianist und Musik-Kenner, liebt Wortwitz, schlichtes Design, guten Kaffee und New York.

*Mehr über den Autor unter www.larsvollmer.com*

**Zurück an die Arbeit!**

Es wird viel zu wenig gearbeitet! Stattdessen verbringen Mitarbeiter und ihre Chefs in den meisten Unternehmen mehr als die Hälfte ihrer Zeit mit Tätigkeiten, die zwar wie Arbeit aussehen, aber keine Arbeit sind: Meetings, Jahresgespräche, Budgetverhandlungen, Reports, Genehmigungsprozeduren, PowerPoint-Präsentationen, Unternehmensleitbilder, Organigramme und so vieles mehr – reines Business-Theater, das keine Wertschöpfung erzeugt, nicht dem Kunden dient und damit nur eines ist: Verschwendung!

Management-Vordenker Lars Vollmer analysiert, was in den Unternehmen falsch läuft und warum. Er zeigt, wie wir alle wieder zurückfinden zu erfolgreicher, echter Arbeit, die Freude macht, Sinn ergibt und sich nachhaltig für alle lohnt.

*Linde Verlag GmbH, 2016*
*192 Seiten, Gebunden*
*€ [D] 24,90*
*ISBN: 978-3-7093-0612-3*

Lars Vollmer

# ZURÜCK AN DIE ARBEIT!

**Wie aus Business-Theatern wieder echte Unternehmen werden**

Linde
*international*

**Wrong Turn**

Lars Vollmer weiß, dass viele Führungskräfte sich auf Modelle aus dem Studium oder der Business-School verlassen. Diese Modelle können aber mit den immer komplexer werdenden Prozessen in Wirtschaft und Gesellschaft nicht mithalten.

Anhand spannender Beispiele macht er das typische Fehlverhalten vieler Manager deutlich und zeigt, warum wir unsere lineare Denkweise zugunsten komplexer Herangehensweisen aufgeben müssen.

Es geht darum, zu lernen, in unvorhersehbaren chaotischen Systemen zu agieren. Dafür liefert der Autor uns die Denkmodelle.

*Orell Füssli Verlag, 2014*
*224 Seiten, Hardcover mit Schutzumschlag*
*€ [D] 19,95*
*ISBN: 978-3-280-05527-4*

Lars Vollmer

**Wrong Turn**

Warum Führungskräfte
in komplexen
Situationen versagen

orell füssli

**Wirf den Frosch**
**Ein Business-Roman**

Nico Brunsmann, Geschäftsführer in einem mittelständischen Industriebetrieb, muss sein Unternehmen unter schwierigsten Bedingungen optimieren und verschlanken. Und sieht sich mit der Herausforderung konfrontiert, immer wieder neue Hindernisse zu überwinden. Um es in den Worten Brunsmanns zu sagen: »Glaub mir, manchmal könnte ich jeden einzeln anschreien: Wirf den Frosch an die Wand, damit endlich der Prinz hervorkommt.«

Mit seinem Business-Roman »Wirf den Frosch« entführt Lars Vollmer den Leser auf eine kurzweilige Reise in die Welt des Lean Management. Und zeigt auf, wie es trotz Rückschlägen gelingt, Lean wirkungsvoll und nachhaltig im Unternehmen zu verankern.

*LOG_X Verlag GmbH, 2013*
*182 Seiten, Gebunden*
*€ [D] 19,00*
*ISBN: 978-3-932298-49-3*

Lars Vollmer

# WIRF DEN
# FROSCH

Ein Business-Roman

**»Wissen ist gut. Aber erst Machen macht besser.«**

Wir leben in einer Wissensgesellschaft, heißt es immer wieder. Aber persönlicher und unternehmerischer Erfolg entsteht nie durch Wissen allein. Erfolg ist die Summe aus Wissen und Handeln. Und Unternehmen aller Branchen und aller Länder haben kein Wissensproblem, sie haben ein Umsetzungsproblem.

Aber wie können wir sie schließen, die Umsetzungslücke? Wie werden wir von »Bescheidwissern« zu handelnden Könnern? Welches unternehmerisches Umfeld befeuert Lernen und Aktion wirklich? Wie können Sie der Projektfalle dauerhaft entfliehen?

Antworten auf diese Fragen erhalten Sie im Hörbuch von Dr.-Ing. Lars Vollmer.

*intrinsify.me, 2012*
*Hörbuch*
*€ [D] 11,95*
*ISBN: 978-3-00-039145-3*